KB072064

알기 쉬운 피부미용과 영양

책을 내면서

고도의 산업화 사회가 되면서

사람들은 건강과 행복이라는 정신적인 가치보다 물질적인 만족과 부유한 삶을 더 중요하게 여겼다. 그러나 이러한 현상은 웰빙이라는 표현이 대중화되면서 다시 건강한 신체와 정신을 소중하게 여기는 분위기로 점차 바뀌고 있다. 웰빙의 의미에는 음식, 미용, 건강 및 행복의 모든 가치가 포함되어 있다. 즉, 현대인은 삶의 가치를 웰빙에 두고 있다고 해도 과언이 아니다.

현대를 살아가는 모든 사람들에게 아름다움을 유지하고 가꾸는 것은 중요한 화두가 되고 있으며 미와 건강에서의 웰빙은 외적인 아름다움과 함께 내적인 아름다움을 추구하는 것이다. 또한 아름다움을 지키고 가꾸기 위해서 피부미용이 중요한 요소임은 두말할 나위가 없다.

역사적인 관점에서 '아름다움(美)'을 해석해 보면, 몸매의 기준은 시대에 따라 다르게 나타났다. 날씬한 것이 미의 기준이 되기도 했으며, 다소 풍만한 몸매가 아름다움을 대변했던 시대도 있었다. 하지만 이러한 미에 대한 기준의 변화에도 불구하고 피부만큼은 항상 같은 기준이 적용되었다. 또한 과거의 역사와 현대를 모두 통틀어 피부미용과 영양은 여성의 아름다움을 유지하는 중요한 요소였다. 서양의 클레오파트라, 중국의 양귀비나 서시, 한국의 황진이 등은 그 시대에 미인의 아이콘이었다. 이들처럼 역사적으로 동서양에서 최고의 미인으로 알려진 인물들 역시 피부의 아름다움은 그 기준이 같았을 것으로 유추할 수 있다.

우리는 건강한 피부를 위하여 영양에 관심을 가져야 한다. 왜냐하면 아름다운 피부에서 무엇보다 중요한 것은 올바른 식생활과 꾸준한 관리이기 때문이다. 나는 이 책을 접하는 독자들이 미용과 영양에 대한 올바른 이해를 하고 최적의 건강과 아름다운 피부를 유지하기를 바란다.

이 책은 인간의 건강과 아름다움에 적용 가능한 실천적인 방법론으로서 '미용과 영양'에 대하여 충실하게 정리하였다. 미용예술학과 영양학을 공부하는 학생들, 그리고 피부에 관심이 있는 모든 독자들이 이 책을 통하여 피부영양학을 쉽고 재미있게 터득할 수 있을 것이다. 건강과 아름다움은 많은 사람들에게 행복의 바탕이 되는 삶의 소중한 요인이다. 따라서 나는 이 책을 읽는 독자들 모두가 스스로를 행복하게 만드는 Life Stylist가 되기를 바란다.

끝으로 내가 원하는 일을 할 수 있도록 마음을 함께해 준 가족, 책의 출간에 자극을 주었던 미용예술학 전공자들과 식품영양학 관계자들, 사진과 자료검색을 도와주었던 김종원과 이효숙, 그 모두에게 사랑을 전한다. 그리고 미용예술학의 발전에 끊임없는 애착을 보여주신 김성남 교수님의 감수에 감사와 존경을 표하며, 이 책이 나올 수 있도록 탈고에서부터 마지막 편집과정까지 꼼꼼하게 수고해 주신 도서출판 효일에 깊은 감사를 드린다.

2018년 2월 전형주

머리말

우리는 아름다움을 만들어 가는 것이 가능한 시대에 살고 있지만 성형을 하지 않고 진정한 아름다움을 유지하는 것이 모두의 바람이며, 이러한 아름다움은 내면의 건강에서 비롯된다. 이러한 관점에서 미용과 영양학에 대한 연구가 중요시되었고, 필자는 '알기 쉬운 피부미용과 영양'이라는 이 책을 편찬하게 되어 기쁘게 생각한다.

이번에 출간하는 '알기 쉬운 피부미용과 영양'은 피부, 모발, 비만의 분야에서 우리가 다루어야 할 부분을 체계적으로 정리하였으며, 미용영양학을 충실하게 설명하기 위하여 건강과 아름다움, 피부와 영양, 에너지와 소화, 노화 및 비만 등의 키워드를 분야별로 정리하여 총 4편으로 구성하였다.

'제1편 건강하고 아름답게'에서는

건강의 개념과 피부 및 모발에 대하여 다루고 있다. 피부미용과 식생활과의 관계를 토대로 하여서 아름다움을 위한 적절한 영양섭취의 필요성을 설명하였다. 또한 피부에 대한 분석과 이에 따른 관리 방법 등에 대하여도 다루었다. 한편, 모발에 대한 이해를 통해 아름다움을 표현할 수 있는 방법에 대하여 정리하였으며, 현대인에게 많이 발생하고 있는 탈모의 원인과 예방에 대해서도 서술하였다.

'제2편 피부와 영양'에서는

건강과 아름다움에 영향을 주는 피부의 영양에 대하여 필요한 이론을 설명하였다. 신체에서 탄수화물의 역할과 체내에서 지질의 대사관계를 살펴보았다. 또한, 체성분으로 중요한 단백질에 대하여 자세하게 설명하였으며 비타민과 무기질이 피부에 필수적인 성분이라는 것을 강조하였다. 한편 생명유지에 필수적인 수분의 다양한 기능을 다루었다.

'제3편 에너지 대사 및 소화와 흡수'에서는

생명유지와 신체 활동을 위한 에너지에 대하여 자세하게 분석하였으며, 기초대사량과 활동대사량의 개념, 섭취 열량 및 소비 에너지에 대하여 살펴보았다. 또한 에너지 균형을 위한 음식물의 소화 및 흡수과정을 설명하여 체내에서 이루어지는 각종 영양소의 대사과정을 쉽게 이해하도록 하였다.

'제4편 노화 및 비만과 영양'에서는

노화의 요인에 대하여 분석하였고 피부노화의 예방 및 지연을 위한 방법을 정리하였다. 또한 체형관리 및 비만에 대한 치료와 예방에 대하여 자세하게 서술하였으며 올바른 다이어트 방법과 최근에 많이 나타나고 있는 다이어트의 부작용에 대하여도 살펴보았다.

차례

그림

[그림 1]

[그림 2]

[그림 3]

[그림 4]

표

메모

Q&A

알기 쉬운 피부미용과 영양

제1편 건강하고 아름답게

제1장
건강과 아름다움, 영양

제2장
아름다운 피부

제3장
건강한 모발

건강과 아름다움, 영양

건강이란 신체적, 정신적으로 양호한 상태를 유지하여 사회활동을 활발하게 할 수 있는 완전한 상태를 말한다. 따라서 '건강'의 정확한 개념은 단순히 '질병이 없거나 아프지 않다'는 뜻이 아니라 질병의 예방과 건강증진을 위한 모든 내용을 포함한다. 최근 첨단 IT를 포함한 기술의 발달과 전반적인 산업의 급격한 발전이 계속되면서 인간의 생활도 의식주라는 기본 틀에서 벗어나 질적으로 더욱 향상된 수준의 삶을 지향하고 있다. 특히, 건강은 삶을 풍요롭게 하는 필수적인 요인이기에, 건강한 삶에 대한 욕구와 목표는 대부분 사람들의 마음에 자리잡게 되었다.

아름다워지고 싶어 하는 마음은 모든 사람들이 바라는 기본적인 욕구이다. 그렇다면 아름다움(美)이라는 것은 과연 무엇일까? 아름다움을 어떻게 표현할까? 내면과 외면 전체의 포괄적인 개념으로서의 '아름다움'이란 신체적인 건강뿐만이 아니라 맑은 정신, 활발한 사회생활의 전반적인 만족에서 가능하다. 모든 여성들은 싱싱한 건강미를 뽐내고 싶어 하며 아름다운 피부를 간직하고 싶어 한다. 최근 아름다움에 대한 욕구는 여성뿐만이 아니라 남성들까지 모두의 바람이자 영원한 숙제가 되었다. 그런데 아름다운 피부는 외형적인 면에 국한되지 않고 신체의 건강으로부터 비롯된다. 즉 화장품으로 아름답게 꾸민 피부를 말하는 것이 아니라 자연 그대로 건강한 피부를 의미하는 것으로서, 이것은 신체에 필요한 영양소를 공급하기 위하여 균형 있는 영양 섭취 및 올바른 식습관이 바탕이 되어야 한다.

아름다운 피부의 조건은 다음과 같다.

- 피부의 표면에 수분이 보유되어서 촉촉하고 윤기를 유지해야 한다.
- 피부가 탄력 있고 팽팽하여 광택과 건강미가 있어야 한다.
- 피부의 혈액 순환이 원활하여서 혈색이 좋고 밝아 보여야 한다.

'웰빙(Well being)'은 '삶의 질'을 강조하는 용어로 사회가 고도화되고 발전하면서 점점 사회적인 이슈가 되었다. 건강을 위한 음식뿐만이 아니라 미용을 위한 요가, 스포츠센터, 피부관리실이 확산되었고 건강연구소, 건강벤처 등 웰빙산업이 사회적인 유행이 되었다. 또한 웰빙산업은 아름다움(美)에 대한 욕구를 충족시키기 위해 더욱 전문화되고 세분화되면서 발전하고 있다. 이러한 사회 환경의 변화는 건강과 아름다움이라는 두 가지 목표를 이루기 위해 신체를 가꾸고 외모를 관리하는 사람들의 관심과 그 욕구로부터 시작되었다.

1. 피부미용과 식생활의 관계

식생활 습관은 신체의 성장 또는 생애 전체의 건강유지에 중요한 역할을 한다. 매일 섭취하는 적절한 식품은 우리 몸에 필요한 영양소를 공급해 줄 뿐 아니라 체내 면역체계를 튼튼하게 하여 질병을 예방하고 병의 치료에도 도움을 준다. 또한, 건강한 식생활은 좋은 피부를 위한 필수적인 영양소를 제공하여 아름다움을 유지할 수 있게 하는데, 이러한 영양소의 섭취를 위해서는 다양한 음식물의 섭취 및 규칙적인 식습관이 가장 중요하다. 즉, 우리의 신체발달과 생명유지에 하루 3끼의 식사가 필요하며, 건강하고 탄력 있는 피부를 유지하기 위해서는 적절한 영양소의 공급이 필요하다. 따라서 균형 잡힌 영양 섭취(Well Balanced Diet), 즉 바람직한 식생활 관리는 무엇보다 가장 중요한 것으로서

신체의 건강과 아름다움을 위한 지름길이라 할 수 있다.

우리가 식생활을 통하여 얻는 음식물의 영양분은 크게 세 가지의 중요한 기능을 한다.

- 에너지 공급
- 신체의 구성 성분
- 신체의 기능 조절

한편, 하루 식사의 식품 구성은 다양한 식품으로 이루어짐으로써, 신체에서 필요로 하는 모든 영양소를 공급할 수 있어야 한다. 식품을 그 특성별로 분류하여서 각 식품군이 식생활에 차지하는 중요성을 이해하기 쉽도록 그림으로 표시한 것이 [그림 1-1]의 식품구성자전거이다. 한국인의 식생활에서 주식으로 소비되는 곡류는 뒷바퀴 중 면적이 가장 크며, 유지 및 당류는 좁은 면적으로 배분되었다. 식품구성자전거의 앞바퀴에는 수분 섭취의 중요성을 시사하였으며, 자전거를 타고 있는 사람을 통하여 영양 공급과 함께 운동이 필요하다는 것을 강조하였다. 즉 건강 유지 및 질병 예방에는 균형 있는 영양 공급과 수분 섭취, 그리고 적절한 운동이 필요하다는 것을 설명하고 있다.

건강을 잃으면 모든 것을 잃는다는 말에서 알 수 있듯이 건강의 유지를 위한 식생활은 항상 관심을 가지고 챙겨야 하는 필요충분조건에 해당된다. 한편, 피부는 인체의 거울이란 말처럼 인체의 건강상태를 볼 수 있는 지표와도 같은 역할을 하고 있다. 개인의 건강정보는 피부를 통해서 알 수 있을 만큼 피부는 건강과 밀접한 관련이 있다. 따라서 건강한 피부는 체내의 영양과 건강 상태에서 비롯된다고 할 수 있다. 또한 피부는 외부 환경의 영향을 가장 먼저 받아 신체를 방어하는 기능도 갖는다. 따라서 건강하고 아름다운 피부를 유지하기 위해서는 외부로부터의

[그림 1-1] 식품구성자전거

나쁜 환경을 이겨낼 수 있는 항산화 영양소의 섭취를 잊지 말아야 한다. 즉, 올바른 식습관을 통한 균형 있는 영양소의 섭취는 피부노화를 막아서 젊음과 아름다움을 지키는 지름길이라고 할 수 있다.

바람직한 식사계획을 위한 참고 도구

건강을 유지하기 위하여 여러 가지 도구가 마련되어 있다.

1. **식품분석표 :** 여러 종류의 식품별로 식품에 함유된 성분이 분석되어 있으며 섭취한 식품의 종류와 양만 알면 영양소의 종류와 양을 쉽게 계산할 수 있다. 식품분석표를 이용할 경우 개인에게 맞는 합리적인 식단을 구성할 수 있다.

2. **영양권장량 및 영양소 섭취기준 :** 영양권장량이란 건강한 국민 대부분의 영양요구량을 만족시키기 위해 여러 가지 영양학적 지식을 기초로 하여 만든 안전하고도 적절한 영양소의 섭취량이다. 한국인의 영양권장량(Recommended Dietary Allowances : RDA)은 1962년 최초 작성되었고, 2010년부터 영양섭취기준으로 변경되었으며 연령분류기준과 권장량이 조금 개정되었다.

3. **식품구성자전거 :** 식품구성자전거는 2010년 한국인 영양섭취기준이 개정되면서 우리가 지향해야 할 식사구성 및 영양목표를 도식으로 나타낸 것이다. 식품의 종류와 함유된 영양소의 기능에 따라 6개의 식품군으로 분류되며, 한국영양학회에서는 신체에 공급되어야 할 섭취 횟수와 분량에 따라 그 면적의 크기를 다르게 배분하였다. 한편 앞바퀴에 수분섭취의 중요성을 시사했으며, 자전거를 타고 있는 사람을 통하여 영양 공급과 함께 운동의 필요성을 강조하였다. 즉 6종류 식품군의 균형 있는 섭취, 충분한 수분 공급 및 운동은 건강과 아름다운 삶을 유지하기 위한 필수 요소라는 것을 도식화한 것이다.

2. 건강과 영양소의 관계

인간은 몸이 튼튼하고 정신은 편안하게 안정되며 사회적으로도 활발한 상태가 되어야 비로소 건강하다고 할 수 있다. 그러나 무엇보다도 건강의 가장 핵심적인 요소는 신체대사가 정상적으로 원활해야 한다는 점이다. 신체가 건강해야 안정된 감정을 지니고 모든 행동과 사고가 정상적으로 수행되기 때문이다. 부족한 영양 공급은 면역 기능을 저하시켜 질병을 유발하며, 영양 과잉이 되면 비만, 당뇨와 같은 성인병을 가져올 수 있다. 즉 질병 예방을 위하여 영양 균형은 매우 중요하다. 한편 식생활은 우리가 끊임없이 움직이면서 살아가고 양호한 건강 상태를 유지하는 데 여러 가지 중요한 역할을 한다. 따라서 우리는 다양한 식품 선택을 통해 영양소를 필요한 양만큼 공급받아야 한다.

영양소의 필요량은 다음 요소의 영향을 받는다.

- 연령, 성별
- 체격의 크기(체표면적)
- 개인의 활동량, 건강 상태, 유전적인 요인, 생활양식 등

식품의 섭취량은 각자의 체형과 외부환경에 따라 결정된다. 식품의 영양소 흡수율은 조리 과정, 심리적인 안정성, 음식물의 섭취 속도, 음식을 받아들이는 감정 상태 등에 따라서도 영향을 받는다. 또한 음식은 섭취하는 사람의 생리적인 상태에 따라 소화 흡수되는 정도가 많이 다르기 때문에 영양소의 필요량은 개인에 따라 조금씩 다르게 결정된다. 우리가 음식을 통하여 섭취한 영양소를 신체에서 충분히 잘 이용하여 양호한 건강 상태를 유지하기 위해서는 아래 사항에 유의하여야 한다.

첫째, 우리 몸에서 요구되는 열량과 영양소의 필요량을 정확하게 파악하여 효율적인 식단을 작성해야 한다.

둘째, 식품을 조리할 때는 개인의 기호를 고려하여 식품에 함유된 영양소가 보존되도록 하고, 식사는 여유 있고 즐거운 마음으로 한다.

셋째, 항상 편안하고 긍정적인 태도로 생활해야 한다.

[Q1] '영양'과 '영양소'의 정의는 무엇인가?

A. 영양이란 외부로부터 필요한 물질을 섭취하여 신체의 기관에서 구성성분을 합성하고, 체내 에너지를 발생하며, 생명을 유지하고, 성장은 물론 건강을 유지시키는 일을 말한다. 이러한 기능을 하는 물질을 영양소라고 부른다. 즉 영양이란 먹는 그 자체만을 의미하는 것이 아니며 음식물이 대사되어 몸을 건강하게 하고 이를 유지하는 상태를 말한다. 영양을 돕는 대표적인 영양소에는 탄수화물, 단백질, 지질, 비타민, 무기질의 5대 영양소와, 이것에 수분을 포함한 6대 영양소가 있다.

넷째, 충분한 휴식과 적절한 운동이 중요하며 평상시 스트레스를 받지 않도록 해야 한다.

건강을 지키고 아름다움을 유지하려면 좋은 영양소의 섭취도 중요하지만 위와 같이 올바른 생활 습관으로 자신을 관리하는 것이 더욱 중요하다.

3. 아름다움은 노력에 의해 유지된다

인간은 누구나 아름다운 피부를 원한다. 한편 피부는 신체 내부와 외부환경의 장벽으로부터 스스로를 방어하는 기능을 가지고 있다. 하지만 현대사회는 산업화, 도시화되면서 다양한 오염과 산화로 인한 활성산소(유해산소, Free Radical)에 노출되어 있다. 또한 수많은 사람들이 정신적인 스트레스로 인해 피부에 많은 부담을 주는 환경에서 생활을 하므로 피부 손상을 피해 갈 수가 없다. 따라서 선천적으로 좋은 피부를 가졌다 하더라도 피부미용에 관심을 가지고 꾸준히 관리를 해야 아름다운 피부를 유지할 수 있다.

아름다운 피부를 유지하려면 신체적인 건강뿐만 아니라 정신적, 사회적인 요소가 충족되어야 한다. 정신과 신체가 건강하려면 올바른 식습관, 규칙적인 운동, 청결한 생활환경, 적당한 휴식 그리고 충분한 수면이 필요하다. 최근 여성뿐 아니라 남성들도 맑고 아름다운 피부에 대한 기대와 욕구가 높아서 피부 관리를 위한 많은 노력과 시간을 투자하고 있다. 하지만 외형적인 관리에만 국한된다면 건강한 피부를 간직할 수 없다. 피부의 외형은 인체의 생리적 조건과 외

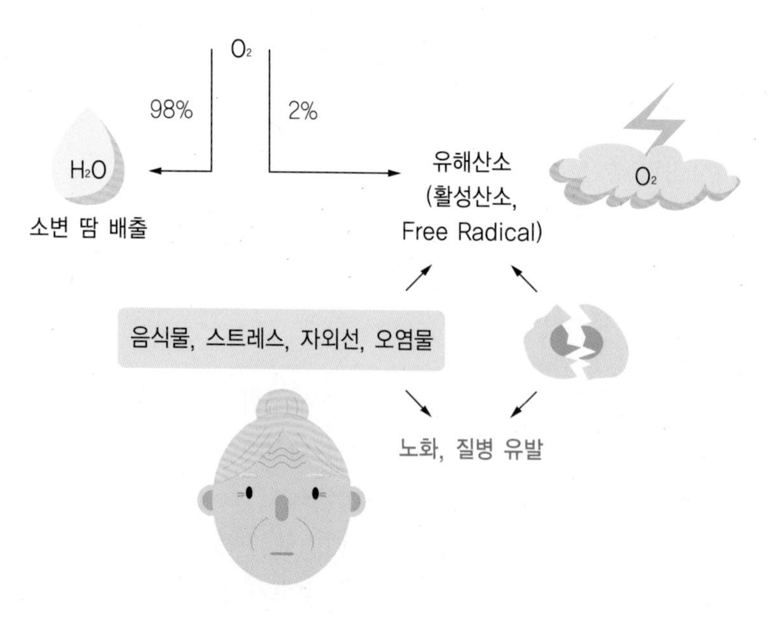

[그림 1-2] **피부노화와 질병 유발 요인**

부환경의 영향, 연령에 따라 다르므로 피부의 상태에 세심한 관심을 가지고 이에 알맞은 관리를 해야 한다. 무엇보다 중요한 것은 올바른 식생활을 기반으로 신체가 필요로 하는 영양을 공급하는 일이다. 영양이 피부에 직접 미치는 영향을 제대로 인식하고 꾸준히 노력하는 것이 아름다운 피부를 가지는 토대가 될 것이다.

사람이 나이를 먹으면 신체의 일부분인 피부에도 노화현상이 나타난다. 하지만 피부와 건강은 밀접한 관계를 가지고 있어서 신체가 건강하면 아름다운 피부를 오랫동안 유지할 수 있다. 즉, 건강과 젊음을 유지하는 관리 방법이 피부의 노화를 막는 열쇠이다. 아름다운 피부는 하루아침에 만들어지는 것이 아니며 꾸준한 노력에 의해 얻을 수 있다. 따라서 건강한 피부를 유지하기 위해서는 피부노화의 원인을 파악하고 노화방지를 위한 노력을 기울여야 한다. 산소가 없다면 생명이 유지될 수 없는데, 생명이 유지되는 동안 체내에서는 세포에 공격적인 활성산소들이 계속 생기게 된다. 산소를 마시는 인간의 대사과정에서 균형이 깨지면 과산화물이나 반응력이 큰 산소화합물이 유해한 산소로 나타나고, 이 활성산소들이 질병을 유발하며 자외선과 함께 세포노화를 일으키는 주범이 된다.

즉 건강하고 아름다운 피부를 유지하기 위해서는 외부환경을 잘 조절하고 피부세포의 산화를 방지할 수 있는 항산화 영양소의 관리가 무엇보다 우선되어야 한다. 양호한 영양 상태를 유지하여 피부노화의 시기와 속도를 늦추고, 질병의 발생을 예방하는 식생활 계획을 세워야 한다. 한편 일시적으로 피부의 상태가 나빠졌거나 피부에 가벼운 질환이 생겼더라도 피부는 재생주기(28~50일)에 따라 새롭게 만들어지기 때문에 꾸준한 노력과 적절한 관리를 통하여 예전보다 더 아름다운 피부를 가지는 것도 가능하다.

아름다운 피부

1. 피부의 구조

(1) 각질층

각질층은 피부의 얇은 각화세포가 16~24층으로 겹쳐서 이루어진 피부의 천연방어막이다. 기저층에서 생성된 각질형성세포는 각화작용에 의하여 죽은 세포가 되지만 외부로부터 피부를 보호해 준다. 이 세포가 각질층에 도달했을 때에는 단단하고 얇은 케라틴으로 구성되며, 주기적으로 각질조직이 벗겨져 떨어진다. 각질층이 바깥쪽부터 피부에서 떨어져 나가면 새로운 세포가 생성된다. 이 세포는 피부 신진대사를 촉진시키는 역할을 한다. 각질층은 지질, 수분, 천연보습인자 등을 통해 피부를 건강하게 유지시키는 역할을 담당하므로, 피부의 보습에 큰 영향을 준다. 촉촉하게 느껴지는 피부는 10 ~20%의 수분을 함유하고 있다.

(2) 표피

표피는 피부의 바깥쪽을 말하며 외부 자극으로부터 피부를 보호한다. 표피에는 혈관과 신경이 없다. 표피는 4개의 층으로 각질층, 과립층, 유극층, 기저층으로 이루어져 있고 세포가 표면으로 이동하면서 각질이 된다. 각질이 주기적으로 떨어지면서 새로운 피부가 형성되는데 이를 피부의 세포주기라 하며, 그 주기는 약 28일이다. 위에서 설명한 바와 같이 각질층은 외부환경과 직접 접촉하는 부위이며 그 환경으로부터 피부를 보호해 주는 방어막 역할을 한다. 뿐만 아니라 노화의 주범인 자외선을 차단해 주고 외부의 이물질이 피부에 침투하지 못하도록 한다. 즉, 피부를 관리한다는 것은 각질층의 표면을 정리한다는 것이며 외관상 보이는 피부는 각질층의 상태를 말한다. 한편 주기적으로 세포분열을 통해 새로운 세포를 생성하는 기저층에서는 피부의 밝기에 영향을 주는 멜라닌 색소를 만든다.

(3) 진피

진피는 표피 밑에 있는 피부층으로 피부의 탄력과 보습에 영향을 주고 살균작용을 한다. 표피와는 달리 진피는 신경을 가지고 있다. 진피는 피부에서 매우 중요한 조직으로 망상층, 유두층으로 구분된다. 진피는 피부의 두께와 주름을 결정하고 피부의 탄력과 수분을 유지하는 역할을 한다. 진피층은 결합섬유와 탄력섬유로 구성되어 있는데, 70%가 결합섬유인 콜라겐이며, 30%는 탄력섬유인 엘라스틴 및 뮤코다당류이다. 피부의 노화가 진행되면 콜라겐과 엘라스틴의 생성이 감소되어 피부의 탄력이 저하되며, 수분 부족으로 인한 건조증상을 유발할 수 있다.

(4) 피하층

피하조직은 진피와 근육 사이에 있는 부분으로서 지방을 함유하고 있어 피하지방 조직이라고 부른다. 또한 손바닥이나 발바닥처럼 탄성조직으로 구성되어

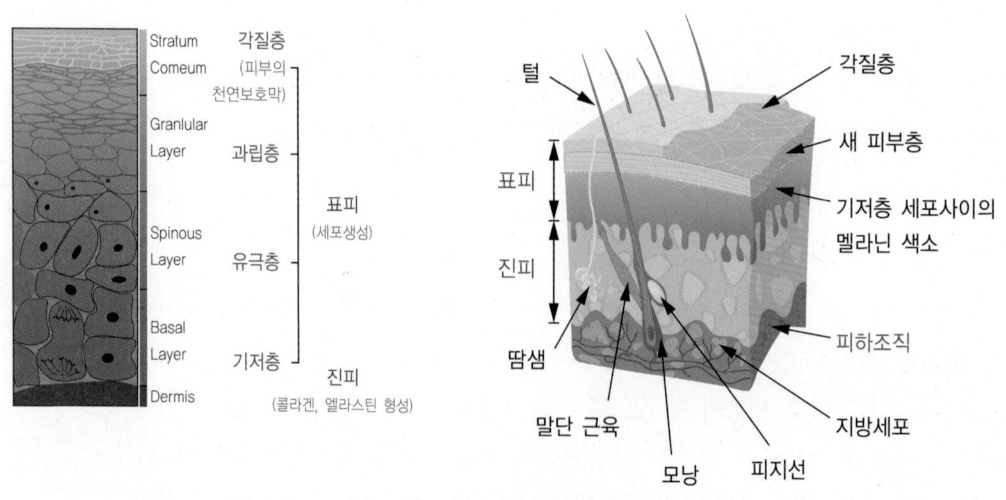

[그림 1-3] **피부의 구조**

있어 외부의 충격이나 내부의 압력에 저항한다. 또한 표피와 진피에 영양분을 공급하며 열의 방출을 막아 주기도 한다. 피하조직의 두께는 연령, 성별에 따라서 다르다.

2. 피부의 기능

(1) 보호기능

피부표면의 세포막은 미생물, 화학물질, 자외선 및 광선 등으로부터 피부를 보호한다. 피부는 외부에 노출되어 있어서 여러 종류의 유해물과 직접 접촉하는데, 각종 외부환경으로부터 스스로를 1차적으로 방어하는 기능이 있다.

(2) 지각기능

온열, 냉각, 촉각, 압력 및 통증 등의 수용체가 피부의 감각신경에 있다. 이들 감각기관은 외부의 자극이 피부에 전달되면 그 자극을 뇌에 즉각 알리고 피부에서 각각의 역할을 수행한다. 즉, 피부에서 감각을 느끼면 그 자극을 바로 뇌에 전달하는 기능을 담당하고 있다.

(3) 체온조절기능

피부는 열의 부도체로서 체온을 조절하는 기능을 한다. 피부에는 많은 혈관이 분포되어 있어서 체온의 변화에 빨리 적응할 수 있다. 체온이 상승할 때는 모세혈관 확장으로 땀에 의해서 열을 발산시키며 외부의 온도가 떨어질 때는 모세혈관과 기모근의 수축으로 열을 빼앗기지 않는다. 우리나라는 계절에 따른 기온의 변화가 심하지만 피부는 이러한 온도 변화에 적응하여 일정한 체온을 유지시키는 역할을 한다.

(4) 분비기능

피부에는 피지선과 한선이 있어서 피지와 땀이 분비될 수 있고 이들이 결합하여 천연 보호막인 지방막을 형성한다. 피부는 피지선으로부터 피지와 노폐물을 배출하고 수분 함유량을 유지한다. 또한 피부는 땀을 통해 노폐물을 배출하는 기능이 있으므로 적당한 땀의 배출이 맑은 피부를 유지하도록 돕는다.

(5) 흡수기능

피부는 모낭, 피지선을 통해 여러 화학 성분들을 흡수할 수 있다. 피부 표면의 지방막은 방어벽 때문에 수용성 물질의 침투는 어렵지만 지용성 물질을 흡수한다. 한편 피부에 공급되는 유효물질이 모공을 통하여 피부 내로 투입될 수 있게 하는데, 각질층과 피부 표면의 피지는 산소와 영양분의 흡수 능력을 저지시킨다. 따라서 아름다움을 유지하기 위하여 각질과 피지를 적절하게 제거하는 피부 관리가 필요하다.

(6) 표정기능

얼굴에 있는 30여 개 근육의 움직임은 웃고 말하고 표정을 지으면서 감정의 상태를 표현한다. 따라서 반복적으로 근육을 많이 사용한 곳에는 주름이 형성되어서 얼굴의 고유한 인상을 결정짓는다. 눈가 주름이나 미간, 이마 주름 및 팔자주름 등은 대부분 근육의 사용량이 많아서 생기는 주름이다.

3. 피부의 유형

사람마다 각각 외모가 다르듯이 피부에도 개인차가 많다. 대부분 20세가 되면 완전한 성인피부가 된다. 그리고 24세 이후부터는 서서히 피부의 노화가 시작된다고 한다. 이런 피부의 노화는 자연의 섭리에 따라 발생하는 생리적인 현상으로 피할 수 없는 일이지만 노화는 지속적인 관리와 노력으로 지연시킬 수 있다. 따라서 좋은 피부를 유지하려면 개개인 피부의 유형을 정확히 파악하여야 하고, 그에 따른 적절한 영양 관리와 피부 관리가 필요하다.

(1) 정상피부(Normal Skin)

정상피부란 피부조직의 모든 상태뿐만 아니라 피부의 생리기능들이 정상적인 활동을 하고 있는 피부이다. 외관상 정상피부라고 느껴지는 경우에도 실제로 피부의 표피와 진피 모두가 완벽하게 건강하기는 힘들다. 극소수 사람들의 피부만이 이에 속하는데, 나이가 들수록 노화가 진행되므로 정상피부를 계속 유지하는 것은 쉬운 일이 아니다. 세포는 계속적으로 영양과 산소를 공급받아서 세포증식을 시키지만 피부의 신진대사 기능이 평생토록 유지되지 않기 때문에 피부의 지속적인 관리는 필수적인 일이다. 대부분의 사람들은 나이가 들면서 계절, 환경, 화장품의 선택 등에 따라 피부의 상태가 변할 수 있다는 것을 기억해야 한다.

특징

- 정상피부는 수분(15~20%)을 적당히 함유하고 있어 피부가 촉촉하며 탄력이 있다.
- 모공이 작아서 눈에 띄지 않으며 혈액순환이 잘 이루어지므로 피부색이 맑다.
- 수분이 적당하여 피부 결에 윤기가 있지만 피지분비가 적기 때문에 건조한 날씨에는 민감하게 반응할 수도 있어서 지속적인 관심을 가져야 한다.

(2) 건성피부(Dry Skin)

피부의 수분 공급과 피지분비 기능의 균형이 제대로 유지되지 못하는 피부유형을 건성피부라고 한다. 피부는 자외선, 바람, 대기오염, 외부자극, 수분 부족, 생체리듬의 부조화, 의약품, 불규칙적인 생활 습관 그리고 계절적 요인 등에 의해서 건성화된다. 이와 같이 피부가 건조해지는 원인에는 피부 외적요인과 내적요인이 있는데 그 원인에 따라 건성피부, 표피 건성피부, 진피 건성피부 등으로 구분된다. 건성피부는 피지선과 한선의 기능이 원활하지 않기 때문에 피부의 노화현상이 빠르게 진행된다.

특징

- 피부 당김과 잔주름이 많고 피부에 탄력이 없다.
- 모공은 작아 눈에 잘 띄지 않는다.
- 피부가 늘 거칠어 보인다.
- 파운데이션이 잘 안 받고 화장이 떠 보인다.
- 유분이 적어 각질이 자주 생긴다.

원인

- 각질층의 수분이 10% 이하로 부족하다.
- 화장품에 의한 염증이 생기면 피부 상태가 거칠어진다.
- 지나친 다이어트와 수분 섭취량의 부족은 건성화를 초래한다.

- 피지와 땀의 분비가 부족하다.
- 과도한 냉, 난방과 자외선 노출로 인하여 수분이 부족하게 된다.

1) 표피 건성피부

표피 건성피부는 진피 건성피부와 유사한 특징을 갖는다. 하지만 표피 건성피부는 피지분비 부족의 내적요인에 의한 것이 아니라 외부의 환경적인 영향에 의해 주로 발생된다. 즉 지나친 냉, 난방이나 봄철의 황사, 여름의 강한 자외선 등이 그 요인이 될 수 있다. 표피 건성화를 초래하는 환경에의 노출 시간이 길어지면 피부에 부담이 되는데, 이때 적절한 관리를 하지 못하면 피부는 표피 건성피부로 변한다. 즉 냉, 난방 등의 건조한 환경에 오랫동안 노출됨으로써 피부의 수분 증발이 심화될 경우 피부의 수분이 손실되기 때문에 피부의 건조함은 점점 심해질 수 있다.

2) 진피 건성피부

진피 건성피부는 내적요인에 의해 발생되는 피부 유형이다. 즉, 피부 자체의 수분 공급 기능에 이상이 생겨서 초래되는 피부유형이다. 다이어트를 심하게 해서 영양 결핍이 생기거나 물을 자주 마시지 않는 사람은 정상적인 외부 환경 속에서도 피부의 건성화 상태가 지속되며, 이와 함께 피부노화 현상까지 나타난다. 피부의 건성화 중에서 가장 심각한 상태가 바로 진피 건성피부이며 일반적으로 피부노화 현상은 진피 건성화에서부터 시작된다. 이는 진피층의 콜라겐 섬유 조직이 파괴됨으로써 피부 자체의 보습력이 떨어지는 현상이다. 이러한 진피 건성피부는 피부 표면이 거칠어 보이고 특히 얼굴에 탄력이 없어 보이며 잔주름이 많이 나타난다.

(3) 지성피부(Oily Skin)

피지선의 기능이 필요 이상으로 촉진되어서 정상보다 과다한 피지가 분비되며 피부 표면이 늘 번들거린다. 모공이 넓어지고 각질층은 두꺼워져 피부가 둔탁해 보이는 피부를 지성피부라고 한다. 피부의 유분은 연령 및 개인의 호르몬 분비량과 밀접한 관계가 있다. 어릴 때에는 피지선의 크기가 아주 작다가 사춘기에 이르면 피지선이 크게 확대되고 성년이 되면 피지선의 활동이 안정된다. 따라서 피지의 분비량은 피지선이 확대되어 있는 사춘기에 가장 많으며 그 밖에 피부의 부위, 여성의 생리 기간, 외부 온도 등에 따라 달라질 수 있다. 또한 피지선으로부터 분비되는 과다한 피지의 양이 모공으로 다 배출되지 못하여서 생기는 피부의 문제가 여드름이다.

특징

- 사춘기에 흔히 나타나는 여드름성 피부이다.
- 피부에 유분이 많아서 번들거리며 피부의 결이 매끄럽게 보이지 않는다.
- 여드름의 흉터는 자외선에 의한 색소 침착으로 유발되기 쉽다.
- T존(T-Zone) 부위엔 특히 유분이 많으며 모공에 피지가 축적된다.
- 코끝 부위에 블랙헤드(Blackhead)가 보인다.

원인

- 피지선이 확대되어 피지 분비량이 매우 많다.
- 지성피부는 부모로부터 유전될 확률이 꽤 높다.
- 유전적 체질도 있으나 사춘기의 호르몬 영향으로 유분이 증가하기도 한다.

(4) 지성피부에서 발전된 2차적 피부유형

1) 지루성피부(Seborrheic Skin)

'지루'란 '기름이 뜬다'는 뜻으로 지루성피부는 지나치게 과다한 피지(Sebum)를 생성해 내는 피부이다. 지루성피부의 표피는 그 산성도가 떨어져 알칼리성을 띠게 되어 외부의 세균에 대한 방어 능력을 상실하게 된다. 원인은 선천적인 내분비계의 영향으로 피지분비량이 많거나 스트레스, 잘못된 다이어트, 신체의 과로 또는 약물의 부작용 등의 요인에 의한 것이다. 정상피부도 정신적으로 피

[Q2] 지성피부는 유분이 많아서 세안을 자주 한다?

A. 지나친 세안은 보호막에 자극을 주어 유분 및 피지 분비를 증가시킬 수 있으므로 지성피부용 클렌저를 사용하여 아침, 저녁으로 두 번만 세안한다. 외출 후에는 외부의 오염물에 의하여 염증을 유발할 수 있으므로 이중 세안을 한다. 유분이 있는 화장품을 사용한 경우에도 세안이 중요하다. 또한 피지 분비량이 많은 여름철에는 외출 후 꼭 세안을 하여 청결에 더욱 주의를 기울여야 한다.

곤하고 나이가 들면서 지루성피부로 변할 수 있다. 지루현상이 가장 많이 나타나는 얼굴 부위는 목, 눈꺼풀, 입 주위, 턱 등으로, 얼굴 전체에 걸쳐 광범위하고 불규칙적으로 나타난다. 지루 현상은 부위를 옮겨가면서 붉은 증상으로 나타나기도 한다.

특징

- 얼굴 표면의 번들거림이 심하다.
- 피부 표면이 알칼리성을 띤다.
- 피부의 내부적, 외부적 세균에 대한 방어기능이 많이 약화된다.
- 피부의 투명감이 전혀 보이지 않는다.
- 얼굴에 붉음증이 옮겨가면서 생긴다.
- 화장이 잘 받지 않고 화장이 뜬 느낌이 난다.

2) 건지루성피부(Dehydrate Seborrheic Skin)

건지루성피부는 샴푸나 비누, 새로운 화장품에 대해서도 피부가 적응하지 못하고 예민하게 반응하며 특히 건조한 기후 조건에서는 심하게 불편해지는 피부 유형이다. 이러한 현상은 피지와 수분의 분비체계가 균형을 잃어서 피지의 분비는 정상보다 지나치게 많고 피부의 보습기능은 극도로 저하된 상태로 나타난다. 피부 표피는 일반 지루성피부와 같이 알칼리성을 띠게 됨으로써 세균에 대한 방어능력이 떨어져 염증 반응이 쉽게 나타난다. 일반적인 지성피부나 지루성피부의 경우에는 수분의 보습 상태는 정상을 유지하기 때문에 피부의 당김현상이 잘 나타나지 않는다. 그에 반하여 건지루성피부는 표피의 과다한 유분에도 불구하고 피부의 건조 현상이 심하게 나타난다.

특징

- 피부의 군데군데 붉음증 현상이 잘 나타난다.
- T존 부위에 유분이 많다.
- 피부가 외부환경에 매우 예민하고 비늘과 같은 각질이 생긴다.
- 여드름과 유사한 트러블이 자주 생긴다,
- 피부 표면이 번들거리며 투명감이 없다.
- 피부가 거칠어 보인다.
- 건조하여 잔주름이 잘 나타난다.

(5) 민감성피부(예민성피부, Sensitive Skin)

민감성피부란 피부 두께가 정상 이상으로 섬세하고 얇아서 외부의 환경적인 요인에 민감하여 자주 피부병변을 일으키는 피부유형을 말한다. 피부조직이 섬세하고 얇은 것은 선천적인 유전요인에 기인하지만 외부 환경의 영양을 받아 피부조직에 이상이 생겨 표피의 각화과정(Keratinization)이 정상보다 빨라짐으로써 생기게 될 수도 있다. 적절하지 못한 피부 관리와 레이저 등의 지나친 시술, 자극적인 화장품의 선택에 의해서도 정상피부가 민감해질 수 있으므로 피부의 상태를 잘 파악하여야 한다.

특징

- 피부조직이 섬세하고 얇아서 피부 표면이 투명하다.
- 표정에 의한 피부 잔주름이 잘 생긴다.
- 자극적인 관리에 의하여 홍반(Erythema)이 잘 생긴다.
- 모세혈관의 확장과 홍조의 증상이 있을 수 있다.
- 화장품에 민감한 반응을 잘 나타내므로 화장품 교체에 의하여 트러블이 생긴다.
- 피부 건조화가 쉽게 나타난다.
- 자외선 등 외부요인에 의하여 피부 색소침착 현상이 쉽게 생긴다.

(6) 복합성피부(Combination Skin)

복합성피부는 지성과 건성이 복합된 상태로 코 주위에 피지분비가 많아 번들거리며, U존(U-Zone)이나 눈 주위에 수분 부족이 생기기 쉽다. 즉, 복합성피부는 이마와 코의 T존은 지성피부이고 눈 가장자리, 입가 주위, 양 볼 부위는 정상피부이거나 건성인 피부 상태를 말한다. 거의 모든 사람이 대부분 복합성피부를 갖고 있다. 복합성피부는 대개 중년 이후의 여성들에게 나타나는데, 건조한 부위가 많아지면서 더 예민한 반응을 보여 가려움증이 나타날 때도 있다.

복합성피부는 대체로 선천적 요인보다는 후천적 요인에 의하여 나타나는 것으로 알려져 있다. 통계적으로도 정상적인 피부를 갖고 있던 사람들이 연령이 증가하면서 신체의 대사량이 떨어지고 외부의 환경에 많이 노출됨으로써 복합성피부로 진행된다. 이전까지는 얼굴의 모든 부위가 정상적인 피부를 유지하고 있던 사람이 30대 후반이 되면 이마나 코 또는 턱 주변에 유분이 증가하고 심할 경우 성인여드름과 같은 트러블 현상이 많아진다. 트러블 압출 후에 재생률도 떨어져 피부의 회복이 매우 더디기도 하다. 40대 후반 즈음에 이르면 얼굴의 일부 부위가 극도로 건조해지면서 노화 현상이 나타나게 되는데, 이러한 현상이 복합피부의 일반적인 특징이다.

특징

- T존 부위에 피지분비가 많다.
- 피곤하거나 스트레스를 받을 때 여드름이 생긴다.
- T존 부위를 제외한 다른 부분은 건성화되어 눈꺼풀 주위나 볼이 건조해지고 심하면 가려움증도 생긴다.
- 눈가에 잔주름이 많아진다.
- 화장이 잘 받지 않는다.
- 피부관리를 할 때는 상태에 따라 두 가지 피부 타입의 화장품을 사용하는 것이 좋다.

(7) 여드름 피부(Acne Skin)

여드름은 사춘기 이후 남녀의 얼굴에 나타나는데, 특히 볼과 이마, 턱 밑에 흔히 생기는 것으로서 모낭으로부터의 염증을 의미한다. 호르몬 분비는 여드름을 일으키는 가장 중요한 요인 중의 하나이다. 여성은 사춘기가 되면 여성 호르몬(Estrogen)의 작용에 의해 피부가 여성답게 변하며 생리가 시작된다. 한편 남성은 사춘기부터 서서히 남성 호르몬(Testosterone, Androgen)의 분비가 시작된다. 이로 인해 피지선의 활동이 활발해지고 동시에 모낭벽 세포가 두꺼워져 모공의 입구가 막히므로 피지가 모낭 내에 쌓이게 된다. 또한 피부에는 여러 종류의 세균들이 존재하는데 이 중 피지선과 모공에 상주하는 세균은 정체되어 있는 피지를 먹고 살면서 유리 지방산을 만들어 낸다. 이 유리 지방산은 모낭벽을 자극하여 진피에 염증을 일으킨다. 작은 트러블부터 심한 경우 농포나 화농성 또는 심한 염증성 반응이 나타나기도 한다. 이러한 여드름은 유전적인 요소, 정신적인 스트레스, 호르몬 변화와 세균의 작용 등에 의해서 생긴다.

특징

- 피지선에서 분비되는 지방이 땀이나 먼지 등과 함께 모공을 막아 여드름이 된다.

- 변비, 스트레스, 지방음식 과잉섭취도 여드름을 유발한다.
- 테스토스테론 호르몬이 피지선 기능을 촉진함으로써 피지분비가 증가된다.
- 트러블을 잘못 압출하거나 건드리면 세균 증식으로 염증성 여드름이 된다.

[Q3] 사춘기에 여드름이 더 많이 생기는 이유는?

A. 서서히 남성 호르몬(Testosterone, Androgen)의 분비가 시작되고 피지가 모낭 내에 쌓이게 되면서 여드름이 많아지지만 그 이외의 영향도 받게 된다.

① 정서적인 요인에 의해 발생된다.

공부나 운동으로 인해 피곤이 쌓이고 수면부족이 계속될 때, 스트레스를 많이 받을 때에 피부가 거칠어지고 여드름이 심해지는 것을 볼 수 있다.

② 음식물의 영향을 받는다.

지방이 함유된 음식의 섭취량이 많아지면 여드름이 생긴다. 그러므로 여드름의 예방을 위해서는 초콜릿, 아이스크림, 튀김, 과자, 베이컨 등의 섭취를 제한하는 것이 좋다.

③ 변비로 인한 노폐물의 축적도 원인이 된다. 또 피부질환의 치료를 위해 사용했던 스테로이드제 등의 각종 약제도 여드름을 증가시키므로 주의해서 사용해야 한다.

여드름의 종류

화이트헤드 : 흰색의 좁쌀 같은 알맹이가 생성, 피부 표면의 각질이 두꺼워져서 피지가 밖으로 나오지 못하고 고여 있는 상태이다.

블랙헤드 : 피지가 피지선 속에 쌓이면 표면입구가 내부압력 때문에 팽창하고 모공입구가 더 커지게 되며 작은 얼룩점처럼 변한다.

구진여드름 : 습진이나 피부병의 발진현상을 말하며 모낭 내에 계속 축적된 피지가 세균에 감염된 것이다.

농포여드름 : 피부 안에 쌓인 노란색 고름이 보일 정도의 화농성 여드름이다.

낭종여드름 : 화농 덩어리를 포함한 여드름으로서 화농이 커지고 관리가 안 된 심각한 상태이다.

마늘의 효능

마늘의 알리신은 원기 회복과 대사 기능에 탁월한 역할을 한다. 비타민 B군이 농축되어 함유된 마늘은 건강식품으로 이미 널리 알려져 있다. 뿐만 아니라 여드름이 생긴 피부는 마늘즙으로 개선 효과를 볼 수 있다. 마늘을 갈아 즙을 만들어 깨끗한 물로 희석한 후 마늘물을 비누 대신 사용하면 여드름 진정에 효과가 있다고 한다.

(8) 색소침착, 기미성 피부(Melasma Skin)

피부를 보호하던 멜라닌이 비정상적으로 각질층까지 과하게 생성된 피부를 말한다. 멜라닌 색소 증가로 인해 멜라노사이트의 기능이 불규칙적으로 작용하면서 발생하는 피부병변이다. 색소침착은 자외선, 호르몬의 불균형이 가장 큰 원인이며 노화에 의하여 촉진된다. 임신한 여성과 피임약을 복용한 여성에게도 일시적으로 나타날 수 있으며 한번 기미가 생긴 후 관리를 소홀하게 되면 색소가 점점 진해지면서 퍼지는 피부질환이다.

특징

- 자외선이 강한 여름철에 진해지며 상대적으로 겨울철에는 연해지기도

한다.

- 표피형 기미는 멜라닌 색소가 기저층 상부에 있으며 동양인에게는 진피에 퍼져 있는 혼합형 기미가 많다.
- 피부톤이 어두운 사람들에게 많이 발생한다.
- 피부 표면이 얇아 보이며 외부 자극에 민감하다.

[Q4] 피부 유형별로 화장수는 어떻게 선택하는가?

A. **화장수의 선택 시**

- 건성 피부는 영양과 보습효과를,
- 지성 피부는 피지조절과 모공수축을,
- 색소 침착 피부는 화이트닝 재생 계열의 화장수를 선택한다.

화장수를 바를 때는

- 화장솜을 이용하여 충분히 피부에 흡수시킨다.
- 중앙에서 바깥쪽으로 닦아내듯 가볍게 바른다.

4. 피부 유형별 영양관리와 스킨케어

피부의 변화는 사춘기에 접어들면서 피지의 분비가 증가되고, 모공이 커지면서 시작된다. 유전적 요인과 내적인 호르몬의 변화, 외부의 환경요인 등으로 인하여 피지 분비량과 색소 분포도가 달라지므로 이때부터는 누구나 자신의 피부 유형을 잘 이해하여서 그에 따른 관리에 관심을 가져야 한다.

(1) 정상피부(Normal Skin)

가장 좋은 피부타입으로 유분과 수분의 균형(Moisture balance)을 깨뜨리지 않으면서 노폐물을 제거해 줄 수 있는 약산성의 세안제를 이용하여 클렌징(Cleansing)을 해 준다. 정상피부는 각질층의 수분함유량이 15~20% 정도인데, 천연 피지막을 보호하고 재형성하기 위해서 보습력이 뛰어난 화장품을 사용하여 미리 피부 건조현상을 예방해 주는 것이 좋다. 아울러 피부는 근본적으로 수분 흡수보다 손실 작용이 더 활발하므로 수분 흡수력이 뛰어난 화장품을 선택하는 것이 필요하다. 피부재생에 필요한 영양성분을 공급하고 피부 진피층까지 흡수시키는 것이 이상적인 피부를 오래 간직할 수 있는 방법이다.

1) 피부관리

① 평상시 기초손질을 세심하게 한다.
② 유, 수분 균형을 잘 맞추어 준다.
③ 비타민 A, C, E 함유 제품으로 지속적으로 관리를 한다.
④ 가끔 노화 예방관리로서 진피 재생관리를 한다.

2) 영양관리

① 수분이 많은 과일과 물을 충분히 섭취한다.
② 비타민 B군이 많이 함유된 음식을 섭취한다.
③ 비타민 C를 많이 섭취하고 평상시 다양한 채소를 섭취한다.

(2) 건성피부(Dry Skin)

건성피부는 피부의 피지선과 한선의 기능이 저하되어 피부가 거칠고 윤기가 없어진 상태이다. 특히 [그림 1-4]에서와 같이 건성피부의 표피는 항상 수분 부족상태에 있으므로 피부의 노화현상이 급속하게 진행된다. 건성피부는 세밀한 관리가 중요한데 항상 습도 조절을 잘 해야 하고 피부의 수분증발을 막기 위해 수분을 유지해 주는 수분조절용 화장품의 사용이 필수적이다. 세안제를 자주 사용하는 것은 피부를 더 건조하게 만들 수 있어서 하루 한 번만 세안제를 사용하는 것이 좋다. 또한 알코올 성분이 없는 화장수를 사용해야 한다. 땀을 빼는 지나친 사우나를 피하고 물을 충분히 마시며, 스크럽제품(자극적인 각질 제거제)는 사용하지 않는 것이 좋다.

1) 피부관리

① 부드러우며 유분이 많이 함유된 클렌징 제품을 선택한다.
② 6~10% 이하의 알코올이 함유된 화장수 또는 무알콜의 화장수를 사용한다.
③ 피부를 건조하게 만드는 필링젤(Peeling Gel)이나 스크럽제(Scrubber)는 사용하지 않는 것이 좋다.
④ 아침에는 수분 함유량이 높은 친수성 크림, 밤에는 유분의 함유량이 더 높은 친유성 에멀젼(Emulsion) 상태의 크림이 좋다.

2) 영양관리

① 비타민 A가 풍부한 시금치, 호박 등의 녹황색 야채와 버터, 치즈, 호두, 깨 등을 많이 먹는 것이 좋다.
② 비타민 B군이 많이 함유된 음식을 섭취한다.
③ 피부의 건조함은 수분과 비타민 결핍에 의해서 악화되므로 균형식을 한다.

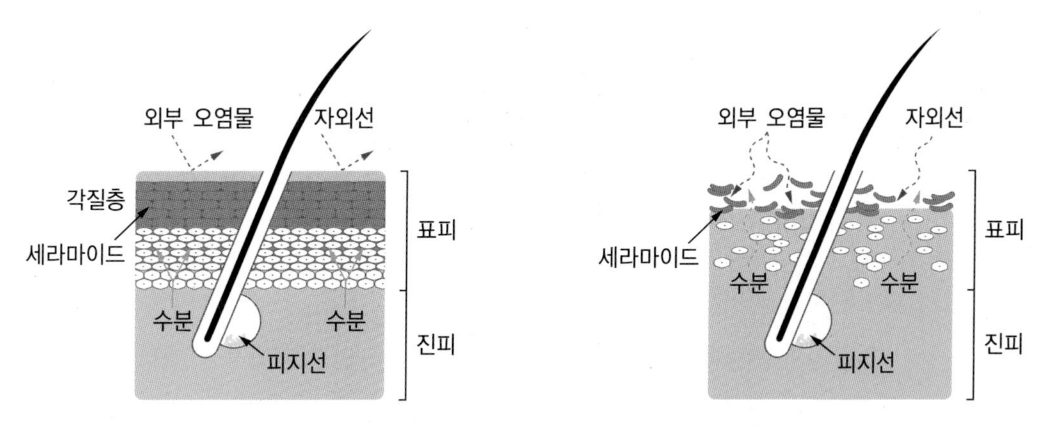

[그림 1-4] **보호막 기능이 우수한 피부와 저하된 피부**

④ 염분 섭취를 가능한 줄인다. 염분은 피부의 수분함유율을 저하시켜서 피부를 거칠게 하므로 짜게 먹지 않는다.

⑤ 동물성 단백질, 식물성 지방, 수분이 많은 과일과 물을 충분히 섭취한다.

(3) 지성피부(Oily Skin)

지성피부에게 가장 중요한 것은 청결이다. 지성피부의 경우 과다하게 분비된 피지가 공기 중의 오염물과 함께 피부의 염증을 일으키므로 특히 클렌징에 많은 관심을 가져야 한다. 얼굴을 세안한 후에는 특히 보습에도 신경을 써야 한다.

1) 피부관리

① 이중 세안을 한다. 클렌징 제품은 로션 타입이나 젤 타입을 사용한다.

② 알코올이 함유된 화장수는 지성피부의 소염, 진정, 모공 수축을 도울 수 있다. (10% 이상의 함유량이 되어야 넓은 모공에 수렴 효과를 줄 수 있다)

③ 크림은 오일 함유량이 적은 제품을 사용한다. 수분크림을 이용하여 수분 공급을 충분히 하면 각질 현상이 없이 촉촉한 피부를 유지할 수 있다.

④ 알갱이가 함유된 크림 타입의 필링 제품, 엔자임(효소) 필링으로 피지를 녹여 주고, 가끔 모공을 열어 주는 각질 제거 관리를 한다.

2) 영양관리

① 비타민 B_2를 함유한 음식을 섭취한다. 비타민 B_2의 결핍에 의해 지성피부가 발생되기도 한다.

② 시금치, 현미, 녹황색 야채, 과일류 등도 여드름에 좋은 식품이다.

③ 과다한 지방과 당분, 탄수화물의 섭취는 피한다.

④ 초콜릿이나 지방이 많이 함유된 튀김, 과자 등은 피지분비를 증가시키고 여드름 발생을 촉진시킬 수도 있으므로 많이 먹지 않도록 한다.

⑤ 규칙적인 식습관을 갖고 변비 예방을 하도록 한다.

(4) 민감성 피부(Sensitive Skin)

민감성피부는 외부의 접촉이나 약한 자극에도 민감한 반응을 나타내서 자주 피부병변을 일으키므로 주의 깊은 관리를 해야 한다.

1) 피부관리

① 지나친 세안과 알코올이 함유된 제품은 피한다.

② 자외선과 외부자극으로부터 민감해진 피부는 진정작용의 과정을 통해서 피부안정을 시키는 것이 필요하다.

2) 영양관리

① 비타민 B군과 파이토케미컬이 함유된 과일과 채소를 섭취한다.

② 비타민 B군은 피부의 저항력을 향상시켜 주므로 민감성 피부에 중요한 영양소이다.

③ 양파, 레몬, 귤, 포도 등에 많이 함유되어 있는 파이토케미컬은 모세혈관을 강화하여 민감한 피부의 저항력을 높여 준다.

④ 커피, 담배, 자극적인 성분은 제한한다.

⑤ 채소, 과일 등의 알칼리성 식품을 섭취한다. 과일과 채소는 비타민 C의 이용과 콜라겐 합성에 필수적이므로 충분히 섭취한다.

(5) 복합성피부(Combination Skin)

1) 피부관리

① 건조해지기 쉬운 눈과 입 주위는 세안 후 수분과 유분을 공급하며 T존 부위는 세심한 세안을 한다.

② 알코올이 약간 함유된 화장수의 사용도 도움이 된다.

2) 영양관리

① 수분 공급을 위하여 물을 많이 마신다.

② 비타민 C가 많이 함유된 과일과 채소를 즐겨 섭취한다.

③ 비타민 B군이 많이 함유된 음식을 섭취한다.

(6) 여드름성 피부(Acne Skin)

1) 피부관리

① 철저한 이중 세안을 하고 수분 공급을 위한 화장수를 사용한다.

② 피지 제거를 위하여 점토와 진흙 팩 등을 사용하는 것도 좋다.

2) 영양관리

① 피지분비를 억제하며 신체의 생리기능을 조절하는 비타민 B군을 섭취한다.
② 비타민 A, C, E가 함유된 식품을 섭취하면 여드름 치료에 도움이 된다.

(7) 색소침착, 기미성 피부(Melasma Skin)

1) 피부관리

① 자극이 강한 화장품이나 외부환경을 피한다.
② 자외선 노출을 자제하며 썬크림과 미백 제품을 꾸준히 사용한다.
③ 정신적인 스트레스는 피부의 색소를 증가시키므로 편안한 마음으로 생활한다.

기미, 주근깨가 많은 피부와 비타민 C

기미, 주근깨에는 멜라닌 이상반응을 억제하는 식품이 도움이 되는데, 비타민 C가 함유된 야채나 과일이 좋다. 비타민 C는 유해산소를 제거하는 항산화 작용을 하므로 흡연이나 화학물질에 의한 피부노화 현상도 감소시켜 준다. 또한 멜라노사이트의 과도한 형성을 억제하므로 더 이상 기미나 주근깨가 퍼지지 않도록 돕는다. 엘라스틴 섬유의 발육을 좋게 하고 피부의 탄력을 증가시킨다. 따라서 브로콜리, 오이, 감자, 당근, 시금치, 셀러리 등의 녹색 채소와 딸기, 레몬, 토마토, 오렌지 등을 자주 먹도록 한다.

여드름, 뾰루지가 생기는 피부와 녹차

피부 전체에 유분성 분비물이 많고 피부표면에 과각질화 현상이 일어나는 피부에는 녹차가 좋다. 녹차의 플라보노이드 성분은 중금속을 침전시키는 효과가 있으므로 수돗물의 염소 등 피부에 자극을 줄 수 있는 물질을 제거하는 데 탁월하다. 녹차는 특히 여드름 균에 대한 항균력과 항염 효과가 있어 여드름이나 뾰루지가 잘 생기는 지성 피부의 관리에 많은 도움이 된다.

[표 1-1] 피부의 유형별 특징과 그에 따른 피부관리

<table>
<tr><th>피부 타입</th><th colspan="2">특징</th><th>피부관리</th></tr>
<tr><td>정상피부</td><td colspan="2">• 피부의 혈색이 좋고 광택이 있음
• 피지와 땀의 분비가 적당하여 부드럽고 촉촉한 느낌
• 화장이 잘 받음</td><td>• 계절의 변화를 고려하여 일상적 관리
• 충분한 수면과 적당한 운동, 균형 잡힌 식습관으로 현재의 상태를 유지하는 데 목적을 둠</td></tr>
<tr><td>건성피부</td><td colspan="2">• 각질이 많이 생김
• 보습력이 없어서 피부 당김과 잔주름이 많이 생김
• 탄력이 없고 피지 분비량이 불규칙적</td><td>• 수분 공급이 가장 중요함
• 순한 제품을 사용해야 함
• 물을 많이 마시고 영양 공급 필요</td></tr>
<tr><td>지성피부</td><td colspan="2">• 피부가 번들거리며 피부 결이 거칠고 모공이 큼
• 여드름이 생기며 화장이 잘 지워짐</td><td>• 이중 세안으로 피부를 청결하게 보호
• 수분성 화장품을 사용하며, 모공을 막거나 자극적인 화장품의 사용 절제</td></tr>
<tr><td>민감성피부</td><td colspan="2">• 표피가 얇아 얼굴이 쉽게 붉어지고, 열이 쉽게 나며 조그만 자극에도 예민하게 반응
• 실핏줄이나 모세혈관의 확장으로 피부색이 일정하지 않음</td><td>• 지나친 세안과 알코올이 함유된 토너 등은 사용 제한
• 자외선과 외부자극으로부터의 진정 위주로 관리</td></tr>
<tr><td>복합성피부</td><td colspan="2">• T존 부위에 피지 분비량이 많으며 번들거림
• 눈 밑은 건조하고 잔주름이 형성되며 이마와 볼에 트러블이 생김</td><td>• 건조해지기 쉬운 눈과 입 주위는 유분을 공급하며 T존 부위는 세심한 세안
• 순한 화장품으로 유 · 수분 조절</td></tr>
<tr><td rowspan="2">기타 피부</td><td>여드름</td><td>• 피부 전체에 피지 분비물이 많고 피부 표면에 과각질화 현상
• 피부 결이 거칠고 피부색이 칙칙함</td><td>• 철저한 세안, 유분이 많은 화장품 사용 절제, 살균성이 있는 수분 공급 화장수 사용
• 피지 제거를 위한 머드팩 사용</td></tr>
<tr><td>기미</td><td>• 피부 표면이 얇아 보이며 외부 자극에 민감
• 햇빛에 얼굴이 칙칙해지며 피곤에 의하여 기미가 진해짐</td><td>• 강한 자외선과 뜨거운 외부환경을 피하는 것이 좋음
• 비타민 C가 함유된 식품류를 섭취하고 정신적 스트레스를 피하며 충분한 휴식과 수면</td></tr>
</table>

2) 영양관리

① 인스턴트와 가공식품을 피하며 비타민 B_2가 함유된 식품을 섭취한다.

② 비타민 C는 멜라닌 색소를 환원시켜 엷게 만들어 주므로 항산화 기능을 하는 과일, 채소를 많이 섭취한다.

5. 피부와 pH, 피부와 유분

건강한 피부는 [그림 1-5]에 제시된 바와 같이 pH 4~6으로 약산성을 띠고 있다. 건강한 피부의 표피는 외부의 오염물 및 세균에 대하여 스스로 저항을 할 수 있는데, 연령이 증가하고 외부의 노출이 많아지면서 피부는 약알칼리화 된다. 비누의 알칼리 성분은 각질을 제거해 주며 외부의 이물질을 세안하는 데 효과가 있지만 알칼리성이 강하면 약산성 상태인 피부의 균형을 깨뜨린다. 민감하고 건조한 피부는 중성비누나 약산성의 세안제를 선택하는 것이 피부에 좋다.

피부의 수분 함유량은 외관상의 피부 결과 피부의 유형을 좌우하는 중요한 요소이다. 피부 각질층의 수분함량이 15~20%일 때 보습력이 커서 촉촉하고 윤기 있는 피부를 지니게 되며, 10% 이하일 때 건조성 피부가 된다. [그림 1-6]에서 제시된 바와 같이 수분과 함께 존재하는 유분이 적당히 균형을 이룰 때 탄력과 광택을 보이는 아름다운 피부가 된다고 할 수 있다.

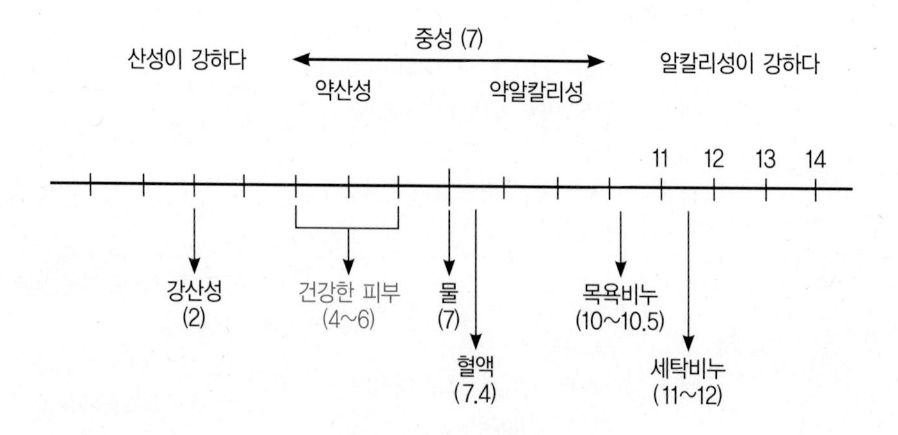

[그림 1-5] pH의 구별

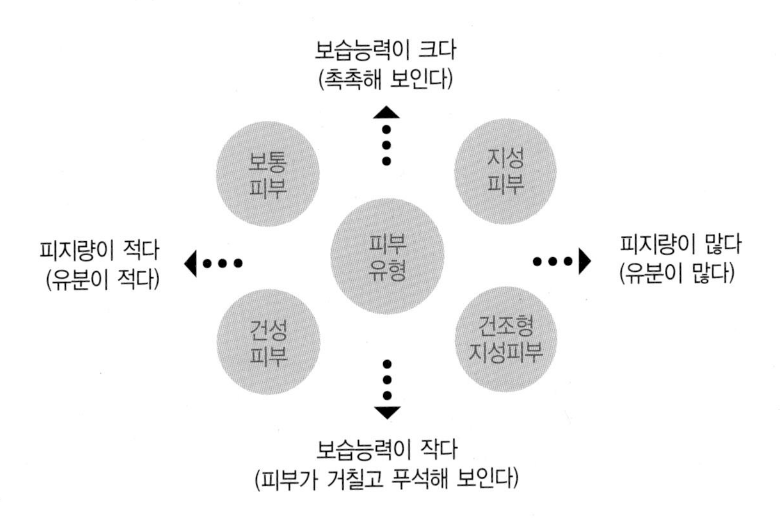

[그림 1-6] **피부와 유수분의 관계**

6. 피부와 멜라닌 색소

피부의 색은 인종에 따라 매우 다르고, 몸의 부위에 따라서도 차이가 있으며 건강 상태와 스트레스 등의 심리상태에 따라서도 조금씩 변화한다. 이러한 피부의 색은 멜라닌(Melanin), 멜라노이드(Melanoid), 카로틴(Carotene), 헤모글로빈(Hemoglobin)에 의하여 결정이 된다. 멜라닌은 일종의 단백질로 미세한 황갈색의 과립이다. [그림 1-7]에서 보여지는 것처럼 표피 내 세포생성 세포인 멜라노사이트에 있는 티로신(Tyrosine)에 티로시나아제(Tyrosinase)가 작용하면 티로신이 멜라닌으로 변하여 멜라닌 색소가 많아진다. 멜라닌은 자외

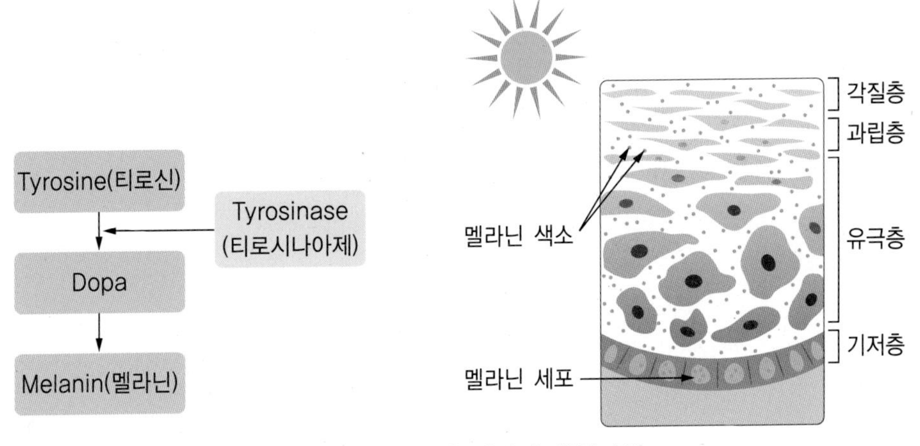

[그림 1-7] **멜라닌 생성과정**

선으로부터 피부를 보호하는 역할을 하지만 이러한 멜라닌 색소가 각질층에 과하게 생성되면 피부가 검게 변한다. 이는 피부의 위치에 따라 약간 다른 색을 띠는 이유가 되는데 멜라닌 색소가 피부 표면에 가까울수록 갈색조가 강하다. 일반적으로 남성이 여성보다 색소가 많으며 나이가 들수록 색소가 많이 생성된다. 멜라닌 색소가 과도하게 많으면 피부톤이 진하며 외부기온 및 자외선에 의하여 기미, 잡티 등의 피부 병변을 자주 보이기도 한다.

[Q5] 임신 중에는 피부에 어떤 변화가 생길까?

A. – 피부색이 진해지고 특히 유두, 외음부 등의 색이 진해질 수 있다.
- 기미가 생기거나 피부의 색소가 심해질 수 있다.
- 사이즈의 증가로 배, 허벅지, 엉덩이, 가슴 부위에 살이 트기 쉽다.
- 땀이 많이 나며 땀띠, 접촉성 질환 등이 발생될 수 있다.
- 각종 피부염 및 두드러기가 생길 수 있다.
- 원인이 불확실한 가려움증이 자주 유발된다.

수면 전 피부관리가 더 중요하다

오전과 오후 시간에는 자외선이 피부의 진피층까지 침투하여 피부의 탄력과 재생력이 떨어지고, 피부는 피로해지며 색소침착과 염증을 일으키기 쉽다. 따라서 아침에는 자외선과 피지로부터 피부를 보호하는 간단한 관리가 필요하다. 하지만 저녁은 활동 중의 대기오염 물질 등을 깨끗하게 제거하고 피부가 정상적인 상태로 회복하는 시간이다. 따라서 피부가 재생될 수 있도록 청결하게 세안하고 피부의 휴식에 필요한 영양을 공급하는 관리가 필요하다. 밤 11시에서 새벽 1시 사이에는 성장호르몬의 분비가 왕성하여서 피부에 새로운 세포가 만들어지므로 숙면을 취하는 것이 아름다운 피부를 유지하는 지름길이다.

제 3 장
건강한 모발

모발은 단백질이 주성분이며 매우 복잡한 구조로 이루어진 구성물이다. 모발은 피부 내에 있는 모근(Hair Root)과 피부 밖으로 나와 있는 모간(Hair Shaft)으로 나누어지며, 모발의 성분은 아래와 같다.

1. 모발의 주성분

모발은 유두부의 모모세포가 혈관으로부터 공급되는 영양분을 흡수하고 분열되어 형성된 여러 세포로 이루어져 있다. 모모세포의 분열에 의하여 위로 올라간 세포는 점점 수분이 감소되어 원형에서부터 방추형으로 변해 가고 속은 딱딱한 케라틴(Keratin)으로 변하는데 이것을 '각화' 라고 한다. 딱딱한 케라틴은 단백질의 일종이며 모발은 이 케라틴으로 구성된다. 여러 종류의 아미노산은 세로 모양으로 길게 늘어선 분자구조를 만드는데 이것을 폴리펩타이드(Polypeptide)라고 한다. 이 폴리펩타이드가 가로 모양으로 연결되면서 케라틴이 된다. 즉, 모발을 형성하는 중요한 성분은 아미노산이며 이것은 18종류의 아미노산으로 구성되어 있는데 그중에서도 가장 중요한 성분은 시스틴(Cystine, 약 16%)이다.

모발에 함유된 시스틴은 사람의 표피에 있는 케라틴 단백질에 비하여 40~50%나 되는 많은 양을 차지하고 있다. 또한 아미노산인 히스티딘(Histidine), 리신(Lysine), 아르기닌(Arginine)의 비율이 1:3:10으로 되어 있으며, 이 비율은 모발의 케라틴 단백질만이 지닌 특성이다. 폴리펩타이드로부터 케라틴이 만들어지려면 가로 방향의 연결고리(시스틴 결합)가 필요하기 때문에 건강한 모발을 위해서는 시스틴이 많이 함유되어 있는 단백질 음식이 요구된다. 시스틴은 달걀, 콩, 우유 등에 많이 함유되어 있는데, 특별히 편식하지 않는다면 대체로 일상 음식물로 충족된다. 비타민 B군과 무기질은 대사의 보조인자로 모발에 중요한 역할을 한다. 또한 해조류는 모발 발육에 필요한 갑상선호르몬의 원료가 되는 요오드성분을 많이 함유하고 있기 때문에 섭취를 권장하고 있다.

모발의 영양은 음식물을 통해 영양을 공급하는 것이 중요하지만 최근 모발 건강에 대한 관심이 높아지면서 모발관리 센터가 증가하고 있다. 한편 화장품을 모발에 직접 바르면 모발에 흡수되어 그 외관이나 성질을 개선시키는 역할을 하는 모발 화장품도 유행하고 있다.

기타 성분으로는 모발의 착색에 관여하고 자외선으로부터 두피를 보호하는 멜라닌 색소, 피지선에서 분비되고 머리에 가장 많이 분포된 지질, 이외에도 금속 성분과 소량의 비금속 성분이 있다. 수분은 보통 10~15% 정도이고 습도와 온도에 영향을 받는다.

(1) 모발과 단백질

모발 성분의 대부분을 이루는 케라틴 단백질은 몇 종류의 아미노산이 모여서 구성된다. [표 1-2]에서 보는 바와 같이 모발성분을 구성하는 아미노산은 시스틴을 많이 포함하고 있다. 아미노산이 모세포에 원료로 공급되어야 펩타이드결합이 이루어지며 측쇄결합인 시스틴 결합에 의하여 케라틴이 만들어질 수 있다.

그러나 [표 1-2]에서 보는 바와 같이 모발의 성분 가운데서 가장 중요한 시스틴은 분류상 필수아미노산이 아니다. 왜냐하면 메티오닌을 통하여 시스틴이 보충될 수 있기 때문이다. 시스틴이 체내에서 부족할 경우 메티오닌(Methionine)에서 전환되어 생체 내에서 합성되므로 메티오닌의 섭취는 더 중요하다. 또한 건강한 모발을 위하여 필수아미노산인 류신(Leucine), 트레오닌(Threonine), 메티오닌(Methionine), 트립토판(Tryptophan), 발린(Valine), 리신(Lysine), 페닐알라닌(Phenylalanine),이소류신(Isoleucine) 등을 함유한 양질의 단백질을 섭취해야 한다.

[표 1-2] **모발에 함유된 아미노산의 비율**

아미노산	함유량	아미노산	함유량
글루타민(Glutamine)	15.00	글리신(Glycine)	6.50
시스틴(Cystine)	13.72~16.00	티로신(Tyrosine)	5.80
★류신(Leucine)	11.30	★발린(Valine)	4.72
아르기닌(Arginine)	10.40	알라닌(Alanine)	4.40
세린(Serine)	9.41	★페닐알라닌(Phenylalanine)	3.70
아스파라진(Asparagine)	3.70		
★트레오닌(Threonine)	6.76	★리신(Lysine)	3.30
★메티오닌(Methionine)	0.71	히스티딘(Histidine)	0.70
★트립토판(Tryptophan)	0.70	★이소류신(Isoleucine)	0.21
프롤린(Proline)	6.75	★ : 필수아미노산 8종류	

(2) 지질

지질은 피하조직으로 근육의 내부에 저장되어 외부의 충격을 막아 주는 방어의 역할을 한다. 지질은 모발에도 영향을 미쳐 모발의 성장에 관여한다. 리놀레산(Linoleic acid), 리놀렌산(Linolenic acid)과 같은 필수지방산은 지질막을 형성하고 외부로부터 독성과 이물질을 차단하는 역할을 한다. 모발의 유화작용, 모발의 pH 균형을 돕고 두피와 모발에 유연성과 보습을 준다.

(3) 비타민의 효능

비타민은 호르몬과 같이 신체 대사의 기능에 관계하고 있으므로 충분한 섭취를 하는 것이 좋다. 특히 모발의 성분은 단백질이며 비타민 B_2와 비타민 B_6는 아미노산 대사에 조효소로 작용하므로 중요한 성분이다.

[표 1-3] **식품 내의 단백질, 메티오닌, 시스틴 함량**

(가식부 100g당)

식품	단백질(g)	메티오닌(mg)	시스틴(mg)
콩	35.2	314	256
두부	7.3	63	103
김	27.1	568	104
꽁치	17.7	501	115
다랑어	24.2	218	123
닭고기	17.6	480	220
간(육류)	16.7	471	216
달걀	12.9	505	148
치즈	25.7	700	210
쇠고기	24.5	609	72

2. 모발의 구조

모발의 구조는 [그림 1-8]에서 보는 바와 같이 모소피(Cuticle), 모피질(Cortex), 모수질(Medulla)의 세 부분으로 구성되어 있다.

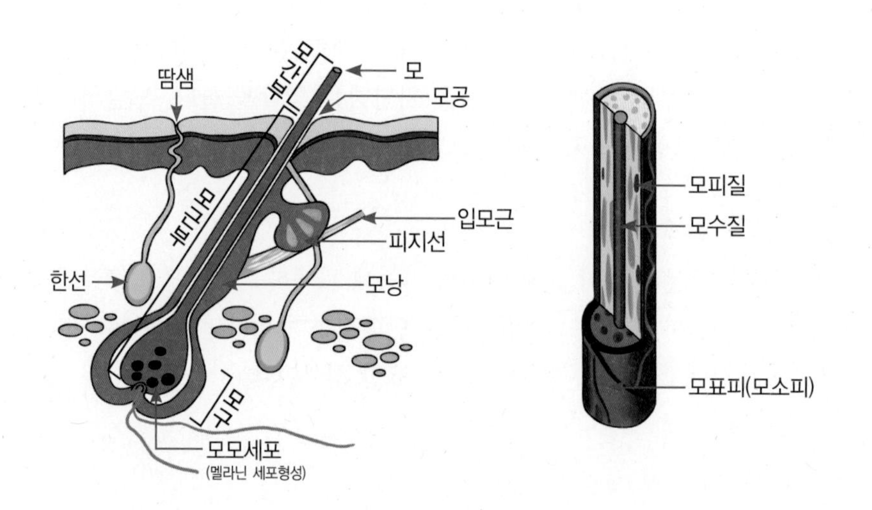

[그림 1-8] **모발의 구조**

이들은 모발의 형태, 강도, 색깔 등을 형성하는 데 중요한 역할을 한다. 모소피는 수분의 증발을 방지하여 모발에 일정한 수분을 유지해 주고, 모피질은 수분량을 조절하여 모발을 부드럽게 유지시켜 준다. 한편 멜라닌 색소는 모발의 색을 결정하고 가장 안쪽에 있는 모수질은 인체로부터 모발 성장에 필요한 영양을 공급 받아 모발을 건강하게 유지시킨다.

모발은 크게 모낭에서 만들어지며 밖으로 나온 모간과 피부 속의 모근으로 구성되어 있다. 피부 밖으로 나온 모간 구조의 모소피, 모피질, 모수질과 함께 피부 내에 있는 모근의 모낭, 모구, 피지선, 입모근(기모근) 등은 건강한 모발을 형성하는 중요한 구조이다. 모낭은 머리털이 자라는 주머니같이 생긴 막으로, 모낭의 깊이는 탈모가 될 때 두피의 표면에 가깝게 이동한다.

실제로 우리가 모발이라고 생각하는 부분은 머리카락이다. 머리카락은 두뇌를 물리적인 충격으로부터 보호할 뿐만 아니라 자외선을 차단하고 온도 변화로부터 보호하는 역할을 한다. 또한 모발의 다양한 형태와 색깔은 자신에게 어울릴 수 있도록 변화를 줄 수 있어 미용적인 측면에서 인간에게 중요한 의미를 갖는다. 성인의 머리카락 수는 대략 10만~14만 개가 되며 하루에 평균 0.2~0.3 mm가 자라지만 일생동안 계속해서 자라는 것이 아니라 존재하는 부위에 따라 모발의 성장 속도도 다르다. 모발은 성장기(Anagen), 퇴행기(Catagen), 휴지기(Telogen)를 주기로 하여 반복하면서 성장하는데 이를 [그림 1-9]와 같이 헤어 사이클(Hair Cycle)이라 한다. 특히 휴지기 때 탈모가 일어나며 이때 자연스럽게 탈모되는 머리카락의 수는 하루에 80개 정도이다.

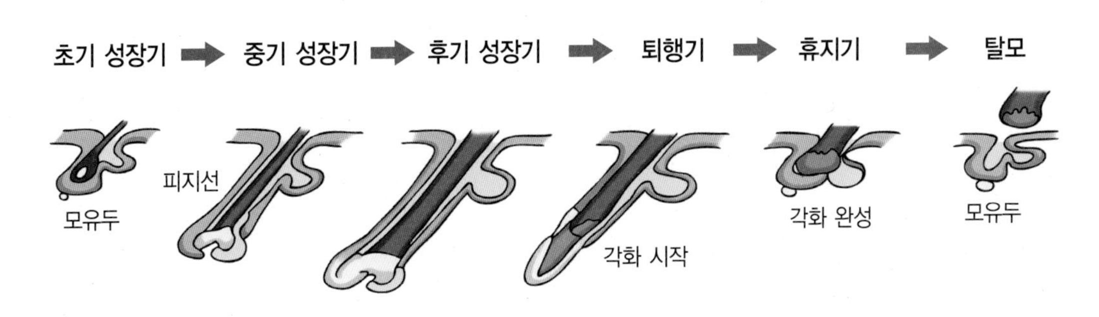

[그림 1-9] **헤어 사이클**

(1) 모근부의 구조

1) 모낭(Hair Follicle)

모근을 감싸고 있는 내외층의 피막을 모낭 또는 모포라고 하는데, 모낭 내에 피지선과 입모근이 자리잡고 있다.

2) 모구(Hair Blue)

모구는 털 뿌리 부분의 둥근 모양으로 이 부분이 크고 튼튼하면 머리털이 새로 생겨 잘 자라고 탈모가 거의 없다. 머리카락을 뽑으면 흰색의 아주 작은 점 모양이 끝 부분에 있는데 이것이 바로 모구이다. 모구 가장 아래쪽 중심에는 모유두가 있는데 이 속에서 새 머리털이 되는 세포가 자라며, 모유두의 왕성한 기능에 의해서 건강한 모발이 형성된다. 모유두에는 모세혈관이 거미줄처럼 망을 형성하고 있으며, 아미노산, 비타민, 무기질과 산소가 공급되고 있다.

3) 입모근(기모근)

급격한 기후 변화나 기온의 변동이 지속되면 이 근육이 수축하고 모공이 닫혀 체온 손실을 막아 주는 역할을 하는데 모근 부위의 아랫부분으로부터 1/3 위치에 있다.

4) 색소세포(Melanocyte)

모발의 색은 모피질을 만드는 모모세포로부터 별도의 색소세포인 멜라노사이트에 의해 생성된다. 멜라노사이트로부터 만들어진 멜라닌의 색소에 따라서 개개인의 모발의 색이 다르게 결정된다. 멜라닌이 많을수록 갈색 모발이 되고 더 많은 경우 검정색이 된다. 멜라닌 형성과정에서 멜라노사이트의 기능이 저하되거나 세포가 파괴되면 멜라닌의 생성이 억제되어서 새치가 생기기 시작하고, 심하면 백발에 가깝게 된다.

5) 피지선

피지선은 표피의 아래쪽에 있는 진피의 망상층(Reticular Layer)에 위치한다. 피지선에서는 모공을 통하여 피지를 분비시키고, 또 두피에는 피지와 함께 땀이 분비된다. 이렇게 분비된 피지와 땀이 혼합되어 피부에 피지막을 형성하는데 이런 분비물은 신체의 컨디션에 따라 조금씩 다르게 나타난다.

(2) 모간부의 구조

1) 모소피(모표피, Cuticle)

모발의 맨 바깥층을 말하며 케라틴이라는 단백질로 이루어져 있다. 외부 자극으로부터 피질을 보호해 주고 수분을 유지시킨다. 모발에 윤기가 없고 머릿결이 푸석거린다면 그 이유는 모소피가 손상되었기 때문인데, 표피층의 모발이 손상되었을 경우 머리결은 매우 거친 느낌을 준다. 표피층의 세포를 살펴보면 아래와 같이 3개의 층으로 구성되어 있다.

– 에피큐티클(Epicuticle)

가장 바깥층이며 두께 10㎛ 정도의 얇은 막으로 수증기는 통과되지만 물은 통과되지 못한다. 다당류와 단백질이 결합되어 있는 단단한 층으로 산소와 화학약품에 대한 저항이 가장 강하다.

– 엑소큐티클(Exocuticle)

연한 케라틴질의 층으로 시스틴이 많이 포함되어 있는 부위인데, 파마를 할 때 이 시스틴 결합을 절단하는 약품의 영향을 받아 머리의 형태가 변하게 된다.

– 엔도큐티클(Endocuticle)

표피층의 안쪽에 있는 층으로 시스틴 함유량이 적기 때문에 약품에 대한 저항력이 강하고 친수성으로서 알칼리에 약하다.

2) 모피질(Cortex)

모피질은 모발을 차지하고 있는 피질 세포층으로 멜라닌 색소를 함유하고 있으며 파마약이나 염색제 등 화학약품의 영향을 받기 쉽다. 친수성인 피질은 모발의 75~90%를 차지하며 모발의 성질을 좌우하는 중요한 부분이다. 모피질은 표피층보다는 부드러운 케라틴으로 구성되어 있다. 단백질 사슬은 원섬유가 되며 이 섬유들이 꼬여서 마이크로섬유가 된다. 마이크로섬유는 동일한 과정을 거쳐 매크로섬유가 되는데, 이 섬유도 나선형으로 결합된다. 결합이 끝나면 모발의 피질이 형성되며 이 나선형의 케라틴은 모발을 잡아 늘일 때 스프링처럼 끊어지지 않고 늘어나는 성질이 있다. 특히, 모발이 젖어 있을 때 잡아당기면 마른 모발보다 더 약한 상태이므로 손상이 생길 수 있다. 또한 피질에는 모발의 응집력과 모발 색상을 결정하는 멜라닌 색소가 들어 있어 멜라닌 색소의 양과 종류에 의해 머리카락의 색상이 조금씩 다르게 결정된다. 간충물질은 모발 전

체의 50%를 차지하는데 간충물질의 성분은 C-케라틴, 폴리펩타이드, 천연보습인자 등이며 시스틴의 함유량이 많다. 이러한 간충물질이 적어지면 모발은 점점 건조하고 푸석거리게 된다.

3) 모수질(Medulla)

모발의 중심에 있는 비교적 부드러운 세포층인데 속이 빈 동공으로 되어 있고 그 안에 공기를 함유하고 있다. 실제적으로 모수질의 중요한 기능은 정확하게 알려지지 않았다. 성인의 건강한 모발에서 모수질층이 없는 모발도 있고, 모수질층의 중요한 역할에 관해서는 아직까지 강조되지 않고 있지만 아마 모발의 탄력성 및 강도와 관계가 있는 것으로 생각할 수 있다. 동물의 털에는 사람보다 큰 모수질층이 있는데 이것은 동물의 체온을 유지하는 데 역할을 하는 것으로 추측된다.

3. 모발의 기능

모발의 기능은 크게 신체 보호 기능과 장식의 두 가지로 나누어 볼 수 있다.

첫째, 모발은 신체 보호 기능을 한다. 머리 부분에 외부로부터 어떤 충격을 받을 때 방어해 주는 역할을 하며, 직사광선과 기온 변화로부터 보호하는 역할을 한다. 부위에 따라서는 땀, 먼지 등의 외부물질로부터 신체를 보호해 주는 기능을 담당하고 있다.

둘째, 모발은 장식의 기능을 가지고 있다. 모발은 다양한 스타일의 연출로 변화를 가져올 수 있으며, 남성과 여성에게 자신의 특징을 나타내는 미용 면에서의 중요한 역할도 한다. 헤어스타일을 다르게 하거나 모발에 염색을 하여 변화를 가져오는 것만으로도 장식의 역할을 한다.

이와 같이 모발은 신체 보호뿐만 아니라 염색, 탈색 및 스타일 연출 등을 통하여 미용과 장식의 면에서도 중요한 기능을 하고 있다.

4. 모발의 특성

모발은 내분비나 자율 신경의 영향에 따라 분비물에 많은 변화를 보인다. 또 모발은 두피에서 분비된 것을 흡수하여 조금씩 모발 끝 쪽으로 흡수시키는 역할을 한다. 이 기능은 모발 브러싱을 하면 한층 더 잘 퍼져 나가지만 근본적으로 모발의 건강함은 신체 상태에 따라서 다르게 나타난다. 예를 들어 윤기가 없는 푸석푸석한 모발을 지닌 여성은 건강 상태가 좋지 않다고 생각할 수 있다.

여성은 생리 주기에 의하여 호르몬이 변한다. 배란 전에는 여성호르몬이라고 하는 난포호르몬이 증가하고 배란 후에는 난포호르몬이 줄어들며 생리 직전이 되면 황체호르몬의 분비가 증가한다. 이 황체호르몬은 본래 배란된 난자가 수정되었을 때 자궁의 내벽에 착상하기 쉽게 하기 위하여 자궁 내막을 두텁고 부드럽게 하는 작용을 하는데, 남성호르몬과 비슷한 구조를 가지고 있어서 피지 분비를 촉진하는 작용이 있다. 생리 전에는 피지 분비를 억제하는 난포호르몬이 줄고 반면에 피지분비를 촉진하는 황체호르몬이 증가하므로 일시적으로 피부가 지성으로 변하는 것이다. 이 때문에 생리 전에 여드름과 유사한 트러블이 생기는 사람들이 많다. 심한 경우 두피도 지성으로 바뀌는데 이때는 모발도 보통 때보다 피지분비가 많아서 두발의 샴푸에 더 신경을 써야 한다. 더욱이 생리 기간 중에 파마를 하는 경우에는 머리 웨이브가 쉽게 나오지 않을 수 있다. 한편 생리 중에는 내분비의 밸런스가 무너져서 피부는 평상시보다 약간 민감하게 되므로 유분이 많은 크림 등의 화장품에 의하여 부작용이 생길 수 있다.

5. 모발의 pH

모발의 pH는 모발의 산성, 알칼리성의 강도를 표시하는 수치 단위로서 모발 중에 있는 수분의 pH를 말하는 것이다. 모발은 수분을 흡수하기 쉬운 물질이므로 수분이 완전히 제거될 수는 없다. 모발의 pH는 모발에 함유된 성분 중에서 수용성 기능에 따라서 달라지는데 평균 pH 6~8이다.

모발의 성분은 거의 90%가 케라틴 단백질로 구성되어 있다. 보통 단백질은 물에 녹는 경우도 있어 이때에는 서로 다른 특유의 pH를 나타내기도 한다. 케라틴 단백질은 물에 쉽게 녹지 않지만 알칼리성이 강해지면 케라틴이 점차 연화되어 녹을 수 있다.

이와는 반대로 모발이 산성이 될 경우에는 대부분의 단백질이 응고하여 단단하게 수축한다. 모발을 가장 건강한 상태로 유지하기 위하여 요구되는 pH의 기준에 대한 의견은 약간 차이가 있지만, 케라틴 단백질의 구조상 가장 안정되고 강한 상태는 pH 4.5~6의 약산성 상태라고 할 수 있다. 염색이나 파마를 할 때 알칼리성 약품으로 처리한 뒤 산성 린스를 하는 것도 모발을 가장 튼튼하고 안정된 pH 상태로 유지하기 위한 것이다. 단, 산성 린스가 너무 강할 경우에는 모발이 까슬까슬해지는데 이는 pH 수치가 너무 낮아서 나타나는 단백질의 응고 현상 때문이다. 따라서 모발을 건강하고 튼튼한 상태로 관리하기 위해서는 약산성의 상태가 되도록 하는 것이 좋다.

6. 모발과 영양

건강하고 아름다운 모발을 유지하기 위해서는 매일 꾸준하게 모발 관리를 하는 것과 모발의 성장을 돕는 식품을 충분히 섭취하는 것이 중요하다. 모발의 성장에 필요한 영양소는 아래와 같다.

(1) 단백질

단백질 섭취량이 부족하면 머릿결이 윤기와 광택을 잃게 된다. 모발의 손상과 노화를 예방하기 위해서는 우유, 육류, 달걀, 치즈 등의 단백질을 균형 있게 섭취하는 것이 중요하다. 공급된 영양분은 모근의 모유두에 연결된 모세혈관을 통해 모발의 성장을 촉진한다.

(2) 비타민 A

비타민 A는 모발이 건조해지고 푸석거리는 현상을 방지하여 주는 역할을 한다. 모발의 건조를 방지하기 위하여 호박, 당근, 간유구, 쇠간, 우유 등을 충분하게 섭취해야 한다.

(3) 비타민 E와 필수지방산

비타민 E와 필수지방산은 모발의 노화를 막으며 모발을 윤기나게 하는 역할을 하므로 아름다운 모발을 위하여 깨, 콩, 땅콩 등을 충분하게 섭취한다.

(4) 비타민 B_1

비타민 B_1을 비롯한 비타민 B군은 모발 대사에 보조인자가 된다. 두피에 열이 생기면서 각질층이 헐면 비듬이 생기므로 비듬을 없애려면 밀의 배아, 효모, 돼지고기, 콩, 표고버섯, 현미 등의 비타민 B_1이 많이 함유된 식품을 섭취하는 것이 중요하다.

(5) 비타민 C

정신적인 스트레스와 외부 환경에서 오는 자극은 모발의 탈색을 진행시켜 새치를 만드는 원인이 되므로 새치를 예방하려면 비타민 C가 풍부하게 함유된 신선한 채소나 과일을 충분하게 섭취한다.

(6) 요오드(I)

요오드는 파래, 김, 미역, 다시마와 같은 해조류에 많이 함유되어 있다. 요오드는 모발의 발모를 활발하게 해 주는 기능이 있다.

(7) 유황(S)

유황은 모발을 구성하는 주성분으로 단백질의 섭취량이 부족하면 모발의 노화가 빨리 진행된다. 콩, 육류, 생선, 달걀에 함유된 유황 성분은 두발의 노화를 예방하는 데 중요한 역할을 한다.

[Q6] 술에 함유된 알코올 성분은 비듬에 영향을 미친다?

A. 음주를 하여 알코올 성분을 섭취하게 되면 술을 해독시키기 위하여 보조인자인 비타민 B군, 특히 티아민(비타민 B_1)의 소모가 많아지고 비타민 C도 부족하여 비듬을 유발할 수 있다. 비듬을 없애려면 알코올 성분이 있는 독한 술의 양을 줄이고 비타민 B_1과 C가 많이 함유되어 있는 야채 및 과일을 충분하게 섭취해야 한다.

(8) 아연(Zn)

아연은 모발을 튼튼하고 탄력 있게 만들어 주는 작용을 한다. 특히 아연은 머리가 하얗게 변하는 새치 예방에 도움이 되므로 조개, 시금치, 해바라기씨 등을 충분하게 섭취한다.

7. 탈모

(1) 탈모의 종류

탈모는 다양한 원인에 의해 나타난다. 탈모는 주로 에스트로겐의 분비 감소 및 안드로겐의 증가, 출산이나 피임제 복용, 철분이나 무기질의 결핍, 갑상선 기능 항진, 갱년기 성호르몬 변화 등 다양한 환경의 영향을 받는데, 유전적인 영향도 간과할 수 없다.

1) 원형탈모증(Alopecia Areata)

원형탈모증은 원인이 정확하게 알려지지 않았지만 양성과 악성으로 분류되며, 대부분은 양성 원형탈모증으로 본다. 양성 원형탈모증은 중앙부에서부터 주변으로 탈모가 진행된다. 시간이 지나면 머리가 빠진 부분에 부드러운 머리카락이 나오며, 이어서 정상모가 나온다. 즉 2~3개월 안에 자연 치유되므로 과로를 피하고 규칙적인 생활을 하며 정신적 스트레스를 줄여야 한다. 반면 악성의 경우 모발의 재생이 힘들며 가발을 효과적으로 이용해야 한다. 사춘기 이전에 이러한 탈모가 발생하는 것은 악성 원형탈모증의 징후이다.

2) 남성형 탈모(Male Pattern Alopecia)

남성형 탈모는 유전적인 요인, 연령, 남성 호르몬인 안드로겐과의 상호 관계에 따라 발생한다고 보고되었다. 개인적인 차이가 있으나 전두 부위 및 두정 부위의 모발이 주로 빠지고 측두 부위와 후두 부위의 모발은 빠지지 않고 남아 있는 현상이 많다. 처음에는 머리카락이 가늘고 약하게 나오다가 점차 심한 탈모 증상을 보인다. 여러 종류의 발모제, 자가 모발이식술, 남성호르몬 억제제를 복용하여 치료를 한다.

3) 조기탈모(Premature Alopecia)

두피가 예민할수록 조기탈모가 자주 일어나며 스트레스, 잘못된 샴푸의 사용 등이 원인이다. 자극이 강한 제품의 사용이나 잘못된 샴푸법 등은 산성막과 모발을 손상시켜 탈모를 촉진한다. 또한 남성호르몬 테스토스테론이 모발의 생장 시간을 단축시켜 남성들의 탈모를 촉진하기도 한다. 탈모 예방을 위해 탈모 성분을 함유한 순한 샴푸를 사용해야 한다. 비타민과 식물 추출물의 샴푸, 순한 계면활성제 등을 사용하는 것이 조기탈모를 예방할 수 있으며, 스트레스는 탈모 치료에 큰 영향을 미친다.

[Q7] 햇볕은 탈모를 촉진시킬까?

A. 강한 햇볕은 모발에 좋지 않은 영향을 준다. 자외선은 모공에서 땀과 피지의 분비량을 증가시키므로 두피를 청결하게 유지하지 않으면 분비된 피지와 각질이 두피를 덮을 수 있다. 이때 더욱 좁아진 모공 때문에 머리카락은 약해져서 잘 빠지게 되고 모발의 굵기가 점점 가늘어지게 된다. 이러한 상태가 지속되면 탈모가 매우 심해지므로 강한 자외선으로부터 모발을 보호하여야 한다.

(2) 탈모의 주요 요인

빈번한 외식과 식생활의 서구화로 인해 우리 국민의 식품 섭취 형태가 많이 변화하였다. 고지방, 고열량 식품의 섭취가 증가하면서 비만, 고혈압 등의 성인병이 보편화되고 있는 추세이다. 특히 지방이 혈관에 부착되어 혈류의 흐름이 나빠지게 되면 모발을 생성하는 모낭에도 영향을 끼쳐서 세포증식의 기능이 저하되고 모발의 노화가 촉진된다. 또한 인스턴트 음식의 섭취 증가로 인해 이들 식품에 함유된 첨가물 등의 유해한 성분이 체내에 축적되면 모발에도 영향을 미치므로 탈모가 진행될 수 있다.

1) 스트레스

현대인은 복잡하고 변화가 많은 환경 속에서 생활하고 있어서 스트레스를 피할 수 없다. 스트레스는 다른 질환의 원인으로도 알려져 있지만 남성과 여성,

어린아이들의 탈모를 가져오는 주요 원인으로 밝혀지고 있다. 특히 스트레스로 충분한 수면을 취하지 못하면 아드레날린이 과잉 분비되어 혈관 내의 중성지방이 증가함으로써 혈액의 흐름이 나빠진다. 또한 산소와 영양소가 체내 장기에 충분히 공급되지 않고 체온 저하가 일어나서 면역 기능과 세포 활성이 저하된다. 체온이 낮아지면 모발의 건강에도 영향을 미치는데, 원활한 신체 흐름이 방해를 받기 때문에 모발의 상태가 나빠지게 된다. 두피 온도는 평상시 체온보다 약간 낮은 31~32℃인데, 체온 저하 시 두피 온도도 함께 낮아진다.

2) 화학약품의 사용

염색이나 탈색, 파마 등을 반복하면 화학약품에 의해 모발이 손상될 수 있다. 예를 들어 파마약을 계속 사용하는 경우에 파마약에 포함되어 있는 화학성분 등이 모발을 가늘게 하여 탈모를 유발한다. 보통 파마를 할 때는 두 종류의 약품을 사용하는데, 첫 번째는 알칼리 환원제로서 모발의 단백질인 아미노산 결합을 분해시키며, 두 번째는 산화제로 끊어진 아미노산 결합을 재생시킨다. 파마약을 자주 사용하면 모발의 윤기와 수분이 감소하여 푸석거리는 모발이 되므로 단백질을 공급해 줘야 한다. 또한 염색제, 탈색제 사용도 모발의 광택을 사라지게 하고 푸석거리는 느낌을 받게 하므로 가능하면 잦은 사용을 피해야 한다.

3) 지나친 다이어트로 인한 체중 감소

다이어트를 심하게 하면 영양이 제대로 공급되지 않으므로 탈모를 초래할 수 있다. 다이어트는 적당한 운동과 규칙적인 식사가 기본이지만 대부분 극단적인 단식이나 원푸드 다이어트를 통해 한꺼번에 체중을 감소시키려고 한다. 단시간의 체중 감량으로 인한 영양분의 결핍은 탈모로 이어지는 경우가 많다. 다이어트에 의한 부작용과 폐해에 대해서는 이 책의 제4편에서 더 자세하게 다루고자 한다.

4) 호르몬

피지선의 분비나 모발 성장은 호르몬에 따라서 영향을 받는다. 모발 관련 호르몬은 [표 1-4]의 뇌하수체호르몬, 갑상선호르몬, 부신피질호르몬, 성호르몬 등이 있다. 여성호르몬은 피지선 분비 억제, 체모성장 억제, 모발성장 촉진 등의 역할을 한다. 반대로 남성호르몬은 피지선 분비 촉진, 체모성장 촉진, 모발성장 억제 등에 관여하고, 세포 내 대사를 활성화하는 아데닐사이클라제(Adenylcyclase)

의 활성을 억제한다. 더불어 세포 내의 Cyclic AMP의 농도를 낮춰 당 대사를 저하함으로써 에너지 공급을 저해하여 탈모를 일으킨다. 한편 뇌하수체 전엽호르몬은 갑상선, 부신피질, 성선 등의 내분비계를 자극하여 다른 호르몬들이 정상적으로 분비되도록 하며 모발의 성장에 간접적으로 관여한다.

5) 피지 분비 이상

피지선에서 피지의 분비가 정상보다 과도해지면 모근의 각화를 저해함으로써 지루성 탈모현상을 보인다. 또 피지의 분비가 너무 적으면 두피와 모근의 건조현상이 심해지고 따라서 탈모가 생길 수 있다.

(3) 탈모와 건강

머리카락은 모근에서 만들어지며 성장, 탈모, 신생을 반복한다. 수명이 다하여 머리카락이 빠지면 반년 정도 휴지기를 맞으면서 새로운 머리카락을 만든

[표 1-4] **모발에 영향을 미치는 내분비선**

기관	호르몬	역할	피부와 모발에 미치는 영향
뇌하수체	• 성장호르몬 • 갑상선자극호르몬 • 성선자극호르몬 • 멜라닌자극호르몬	성장 조절, 노화 방지	결핍 시 피부노화 탈모 유발
갑상선	• 티록신	신체의 전반적인 대사 활동을 조절	결핍 시 피부가 건조해지고 거칠어짐, 모발도 건조모가 됨, 탈모 유발
부갑상선	• 부갑상선호르몬	혈액 내 칼슘 양을 조절	칼슘 결핍은 비정상적인 케라틴 으로 건강하지 못한 모발 초래
부신	• 성호르몬 • 아드레날린	신체 대사에 관여	과잉 시 여성의 안면 털의 성장을 촉진
성선	• 에스트로겐	난소 자극 난자 생성 사춘기 신체 발달 촉진	모발의 성장을 촉진 체모의 성장 억제
	• 테스토스테론	정자 생성 촉진 사춘기 성장 촉진	체모의 성장을 촉진 모발의 성장 억제

다. 신체의 영양상태가 나빠지면 모근도 건강하지 못하므로 새로운 머리카락이 만들어지지 않는다. 머리카락이 하루에 120개 이상 빠지거나 이런 증상이 심해지면 탈모성 대머리가 될 수 있다. [그림 1-10]에서 보듯이 탈모되는 부위를 통해 건강 상태를 예측할 수 있다.

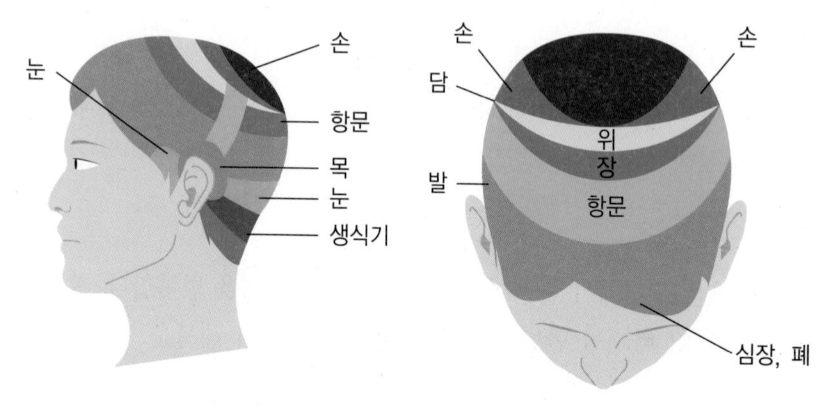

[그림 1-10] **탈모와 건강**

(4) 새치

새치는 멜라닌을 만드는 색소세포의 기능이 나빠져서 모발의 색깔이 연해지는 일종의 노화현상이다. 새치는 장기적인 스트레스, 빈혈, 갑상선 질환에 의하여 영향을 받으며 불규칙적인 식생활에 의하여 생길 수도 있다. 최근에는 영양의 불균형과 사회생활에서 오는 과다한 스트레스에 의하여 새치가 일찍 나타나기도 한다.

나이가 들어서도 검고 아름다운 모발을 갖기 원하는 사람들에게는 검정깨와 검정콩이 도움이 된다. 100g의 볶은 들깨를 잘 으깨어 크림 상태로 걸쭉하게 만든 후, 취향에 따라 꿀을 섞어서 하루에 한 스푼씩 먹는 것도 좋은 방법이다. 검정깨의 γ-토코페롤 성분은 항산화 작용으로 모발의 노화를 막는 역할을 한다. 또한 검은콩의 불포화지방산과 비타민 E 성분도 새치와 탈모 예방에 아주 효과적이다.

한편 흡연은 모발을 누런색으로 변하게 하며 단백질 결핍으로 인한 모발 손상을 가져오므로 금연은 새치 예방에 아주 중요하다고 할 수 있다.

(5) 건강한 모발과 두피를 위한 손질법

1) 브러싱

브러싱은 윤기 있고 아름다운 모발을 유지하기 위하여 필요한 손질법으로 샴푸 전이나 평소에 자주 해 주는 것이 좋다.

① 브러싱 효과

브러싱은 모발에 묻어 있는 더러움이나 먼지를 제거하여 모발을 탄력 있고 깨끗하게 한다. 또한 모근을 자극하여 모발의 발육을 촉진하고 아름다운 머릿결을 가질 수 있도록 해 준다. 단, 젖은 모발을 너무 강하게 자극하거나 끝이 자극적인 브러시를 사용하면 두피에 손상을 주므로 브러시는 부드럽고 모 끝이 둥근 것을 선택하는 것이 좋다.

② 올바른 브러싱법

머릿결에 따라서 전체적으로 위에서 아래로 빗어 내리고, 관자놀이에서 귀 뒤쪽으로, 또 모근에서부터 모발 끝까지 천천히 브러싱한다. 건성이나 약한 모발은 트리트먼트 로션이나 헤어크림을 바른 후에 브러싱하면 모발 손상 방지에 효과적이다.

2) 샴푸 & 린스 & 트리트먼트

모발에 이물질이 남으면 모발이 상하고 피지와 두피가 건강하지 못하게 된다. 뿐만 아니라 모발이 빠지거나 비듬이 생기고 푸석거리므로 모발을 깨끗하게 하는 것이 중요하며, 이를 위하여 주기적으로 샴푸와 린스를 해야 한다. 올바른 샴푸와 린스의 요령은 다음과 같다.

① 샴푸

브러싱은 샴푸 후에 하지 않고 샴푸하기 전에 충분히 한다. 샴푸 후 젖은 상태의 모발을 헝클어진 채로 브러싱을 하게 되면 모발이 손상을 입게 된다. 샴푸를 할 때는 충분한 거품을 낸 후 손가락으로 두피를 마사지하듯 부드럽게 문지른다. 두피의 이물질을 제거하기 위해 샴푸를 한다는 착각으로 손톱을 세워 강하게 문지르는 경우가 있는데 이것은 두피 트러블의 원인이 되므로 주의해야 한다. 샴푸를 할 때는 샴푸제가 완전히 없어지도록 충분히 헹구는 것도 중요하다. 샴푸제가 두피에 남으면 피부 트러블과 비듬이 생겨 가려움증을 유발할 수 있다.

② 린스

린스는 모발에 적당량의 수분을 보유하여 정전기 발생을 방지하는 역할을 한다. 린스의 영양물질이 모발 표면을 보호막으로 감싸 주므로 모발에 윤기와 매끄러움을 준다. 린스는 샴푸 후, 모발 전체에 린스를 골고루 펴 바른 후 마사지하듯이 문지르고 브러시를 이용하여 빗어 준다. 린스는 가능하면 두피에 닿지 않는 것이 좋으며 적당한 양을 모발에만 사용한다. 특히 두피에 상처가 있거나 피부 트러블이 있을 때는 모발의 끝에만 린스가 묻도록 해야 한다.

③ 트리트먼트

트리트먼트는 상한 머리카락에 필요한 영양과 성분을 보충하고 머리카락을 보호하는 역할을 한다. 트리트먼트는 머리결이 약간 손상되었을 때 재생시켜 윤기 있는 모발로 살아나게 해 주며, 모발을 건강하게 유지해 준다. 머리카락의 손상이 심할 때는 매일 또는 이틀에 한 번 정도의 트리트먼트가 필요하고 건강한 머리카락일 경우에는 1주일에 한 번 정도의 트리트먼트 또는 린스만으로도 충분하다. 트리트먼트를 사용할 때는 모발의 보호에 신경을 써서 머리카락의 끝에 중점을 두어야 한다. 린스와 마찬가지로 두피에는 트리트먼트제가 닿지 않도록 주의해야 한다. 트리트먼트제를 골고루 바르고 손가락으로 부드럽게 마사지를 한다. 뜨거운 스팀 타월로 감싸고 10~20분간 두면 트리트먼트제가 모발과 두피에 고루 스며든다. 지성 피부의 경우에는 머리카락 끝에만 묻혀서 문지른 후 충분히 헹구어 준다. 머리카락이 심하게 건조하여 손상의 정도가 심한 경우에는 두피 쪽에도 트리트먼트를 하면서 가볍게 마사지를 하여 두피에 잘 스며들도록 한 후 미지근한 물로 충분하게 헹구어 준다.

※ 두피 마사지

두피 손질에서 가장 중요한 점은 두피에 가벼운 자극을 주고 혈액순환을 촉진시키는 것이다. 머리카락에 광택과 탄력 및 윤기를 주기 위해서 두피 마사지로 관리하는 것이 효과적이다. 두피 마사지는 두피의 자극으로 신진대사를 높이고 피지 분비를 촉진시켜 건강한 머릿결을 유지해 주므로 모발 관리에 매우 좋다. 두피 마사지는 손가락을 이용하여 부드럽게 마사지를 하는데, 두피 마사지를 할 때 모발에 영양을 공급하는 에센스를 함께 이용하는 것도 좋은 방법이다. 두피 마사지의 기본 테크닉은 주무르기, 누르기, 문지르기, 두드리기 등의

4가지 방법이 있다. 건강한 습관으로 기분을 좋게 하는 두피 마사지는 신체의 혈액순환을 도와주며 아름다운 머릿결과 건강한 모발 상태를 유지하도록 해 준다. 한편 아름다운 모발 상태를 유지하기 위해서는 충분한 영양 공급과 규칙적인 운동 그리고 적당한 휴식이 가장 중요하다.

[Q8] 린스, 트리트먼트, 컨디셔너는 같은 모발제품인가?

A. 린스, 트리트먼트, 컨디셔너는 머리를 감은 후에 머리카락에 윤기와 광택을 주기 위한 제품이다. 린스는 모발 표면을 감싸 정전기를 막고 드라이어를 사용할 때 뜨거운 열로부터 모발을 보호하는 역할을 한다. 트리트먼트는 모발 표면을 코팅하면서 영양 성분이 모발 안에 스며들어 부족하기 쉬운 영양을 공급하고 모발의 표피를 보호한다. 트리트먼트는 모발의 안쪽에 작용하는 것으로 샴푸 전에 사용하는 것과 샴푸 후에 가능한 두 종류가 있다. 트리트먼트를 바른 후 10~15분 정도를 유지해야 효과를 볼 수 있고, 침투효과를 높이기 위해 스팀 타월 등으로 트리트먼트의 성분을 흡수시키는 것이 좋다. 컨디셔너는 린스와 트리트먼트의 중간 효과를 갖는 것으로 모발의 표면을 부드럽게 하고, 손상된 머리카락을 외부로부터 보호한다.

알기 쉬운 피부미용과 영양

제2편 피부와 영양

제1장
피부와 탄수화물

제2장
피부와 지질

제3장
피부와 단백질

제4장
피부와 비타민

제5장
피부와 무기질

제6장
피부와 수분

제 1 장

피부와 탄수화물

모든 생명체는 생명을 유지하기 위해 외부로부터 영양을 섭취하여야 한다. 즉 신체는 영양분을 받아들여 몸 안에서 에너지로 만든 뒤 자신의 활동과 생명 유지에 이용하는 것이다. '영양'이란 인간의 생명 유지와 신체기관의 활동을 위하여 체외로부터 식품을 섭취하고 이를 소화, 흡수 및 배설하는 모든 과정을 포함하며, 이 과정을 위하여 인체가 필요로 하는 기본적인 성분을 우리는 6대 영양소라 부른다. 이들은 체내에 각기 필요한 에너지를 공급하고 신체의 조직 형성에 관여하여서 신체를 건강하게 유지하는 데 기여한다.

영양소는 성질에 따라 탄수화물(Carbohydrate), 지질(Lipid), 단백질(Protein), 비타민(Vitamin), 무기질(Mineral)로 구분되며, 여기에 물이 포함되어 6대 영양소로 분류된다.

각 영양소는 체내에서 대사과정을 돕기 위하여 여러 가지 작용을 하는데 다음과 같이 크게 세 가지로 구분할 수 있다.

① 열과 에너지 발생

② 체조직 구성과 보수

③ 여러 형태의 체내 대사과정 조절

1. 탄수화물(당질)의 분류

탄수화물은 주로 탄소, 수소 그리고 산소로 구성되어 있으며 에너지를 공급하는 중요한 역할을 담당한다. 우리가 섭취하는 탄수화물은 전분, 설탕, 기타 여러 종류의 당류이지만 이들이 체내에서 이용되기 위해서는 소화과정 중 모두 단당류로 분해되어야 한다. 또한, 흡수된 단당류는 각 조직으로 운반되어 에너지를 발생시킬 때 모두 포도당의 형태로 변환되어 사용된다.

탄수화물의 기능은 아래와 같다.
① 탄수화물 1g당 4kcal를 공급하며 소화흡수율은 98%이다.
② 탄수화물이 차지하는 에너지의 적정비율은 1일 섭취열량의 55~70%이다.
③ 단백질이 에너지로 사용되는 것을 아껴 주는 단백질의 절약작용을 한다.

(1) 단당류

① 포도당(Glucose)

체내에서 전분이 분해되어 만들어지며, 혈중에 존재하는 기본 당질이다. 따라서 식물체에 존재하는 전분과 동물성 글리코겐은 포도당으로 구성되어 있다.

② 과당(Fructose)

과일이나 꿀에 함유되어 있으며 단맛이 강하다.

③ 갈락토오스(Galactose)

유당(Lactose)을 가수분해하면 생기는 당으로 뇌 발육에 매우 중요한 요소이다. 수유부는 혈액에 의하여 운반된 포도당이 유선에서 갈락토오스와 결합하여 유당이 되어 분비된다.

(2) 이당류

① 자당(Sucrose)

일반적으로 설탕을 말하며 포도당과 과당으로 구성되어 있다.

② 맥아당(Maltose)

2개의 포도당으로 구성되어 있으며 곡류의 발아과정에서 생기는 것으로서 식혜나 물엿은 맥아당을 함유한다.

③ **유당(Lactose)**

유당은 포유동물의 유즙에 존재하며 포도당과 갈락토오스로 구성되어 있다. 물에 잘 녹지 않고 위에서는 발효가 되지 않으므로 위 점막을 자극하지 않지만 유당 분해 효소가 부족하면 소화가 잘 되지 않는다.

(3) 다당류(Polysaccharide)

다당류는 자연계에 널리 다량으로 분포되어 있으며 에너지의 저장 형태이다. 일반적으로 다당류는 단당류의 결합을 통해 만들어지는데, 그 분자량은 수천에서부터 100만 이상의 크기를 지닌 것도 존재한다. 다당류는 소화성 당질(전분, 글리코겐)과 난소화성 당질(식이섬유소)로 구분한다.

① **전분(Starch)**

- 식물에 있는 저장성 다당류로서, 식물이 성장하면서 포도당이 합성되어 전분이 형성된다.
- 보통 곡류, 면류, 감자류 등에 많이 함유되어 있다. 과일은 숙성되면서 전분이 자당으로 변하므로 잘 익은 과일은 단맛이 난다.
- 전분은 구조가 다른 아밀로오스(Amylose)와 아밀로펙틴(Amylopectin)으로 구성되어 있다. 아밀로오스는 많은 포도당 분자가 α-1, 4결합으로 연결된 긴 사슬구조로 되어 있으며, 아밀로펙틴은 중간에 가지를 가진 측쇄구조로서 가지부분은 α-1, 6결합으로 구성된다.
- α결합은 소화과정 중 쉽게 분해되며 소화효소에 의해 포도당이 된다.

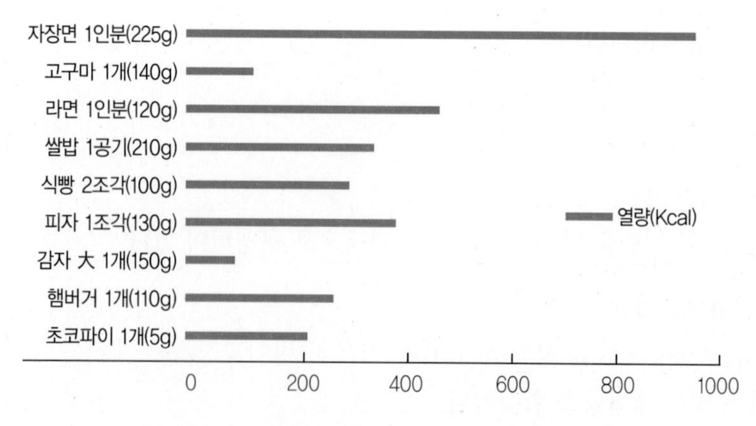

[그림 2-1] **일반식품의 탄수화물 함량과 열량**

- 찹쌀과 같은 찰전분은 아밀로펙틴으로 구성되며 메전분은 아밀로오스 20%, 아밀로펙틴 80%의 비율로 구성되어 있다.

② 글리코겐(Glycogen)

- 글리코겐은 동물체의 간과 근육에 들어있는 저장형 다당류로서 약 9,000개 이상의 포도당 분자가 α결합으로 중합되어 있고, 그 구조는 아밀로펙틴과 유사하나 측쇄가지가 훨씬 더 많다.
- 식물성 식품에는 거의 없고 동물의 간이나 근육에 소량 존재하므로 일명 '동물성 전분(Animal Starch)'이라고도 한다.
- 성인이 저장할 수 있는 글리코겐의 양은 약 350g 정도이며, 이 중 100g 정도는 간에, 250g 정도는 근육에 저장된다.
- 글리코겐은 포도당의 측쇄구조로 구성되어 있으며, 에너지가 신체 내에서 급하게 요구될 때 분해되는 탄수화물의 저장원이다.
- 근육 내 글리코겐은 근육운동에 필요한 에너지를 제공하기 위해 포도당을 공급하는데, 강도가 높거나 지구력이 요구되는 운동 시에 더욱 많은 포도당을 공급한다. 글리코겐은 동물체의 간, 근육 등에 저장되어 있다가 필요시에 포도당으로 전환되어 혈액 속으로 흘러 들어가는 기능을 한다.

③ 식이섬유소(Dietary Fiber)

- 식물 세포막의 주성분으로서 물에 용해되지 않는다. 사람의 소화액에는 섬유소를 소화시키는 효소가 없어 열량원과 영양소로서 작용을 하지 않는다. 섬유소는 부피 팽창으로 장의 연동운동을 도우므로 변비 예방에 큰 효과를 준다.

맥아당 함유식품

맥아당은 전분이 분해되면서 생기는 이당류이며 포도당과 포도당의 결합체이다. 우리가 먹는 음식 중에서 맥아당이 많이 함유된 식품은 식혜이다. 식혜를 만들 때 밥알이 뜨는 것을 볼 수 있는데 이것은 엿기름 중의 효소 아밀라아제(Amylase)가 다당류인 탄수화물을 이당류인 맥아당으로 발효시켜서 보이는 현상이다. 또한 맥주를 만들 때도 맥아당이 소량 만들어진다. 단, 맥주는 효모에 의해서 발효가 계속되므로 결국 알코올과 이산화탄소로 분해되어 우리가 마시는 맥주에는 맥아당이 남아 있지 않다.

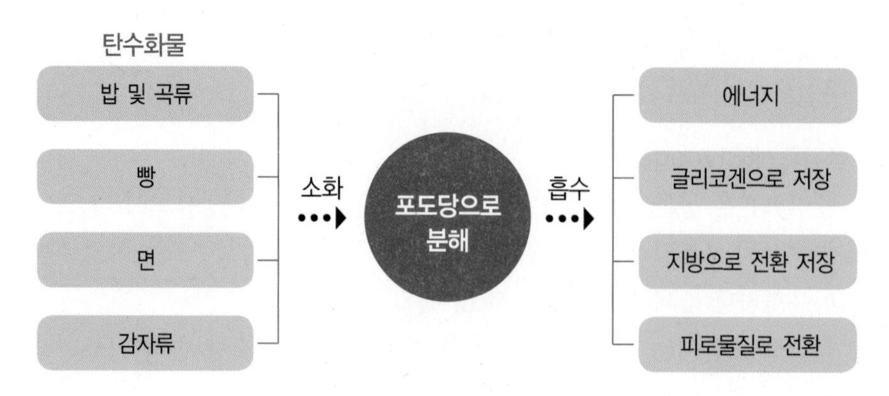

[그림 2-2] **탄수화물의 흡수 과정**

- 도정을 덜 한 곡류와 채소에 다량 함유되어 있다.
- 셀룰로오스, 헤미셀룰로오스, 리그닌, 펙틴, 검 등이 포함된다.
- 섬유소는 최근 비만 예방에 효과가 있는 것으로 알려지면서 관심이 고조되고 있다.

④ **올리고당(Oligosaccharide)**

- 올리고당은 단당류가 3~10개 결합된 당이다.
- 밀, 호밀, 양파 등의 자연식품에 함유되어 있고 최근 기능성 식품의 재료로 사용된다.
- 대장에서 우리 몸에 유익한 유산균을 활성화시켜 장의 건강을 유지시킨다.
- 단맛이 있으나 혈당을 빠르게 높이지 않아서 당뇨병 환자의 혈당 조절에 사용된다.

2. 탄수화물의 역할

(1) 에너지 공급

신체가 생리적 기능을 수행하는 데 우선적으로 요구되는 것은 에너지원이다. 따라서 당질의 주요한 기능은 신체로의 에너지 공급이라 할 수 있다. 주요 에너지 공급원인 당질은 신체 내에서 1g당 4kcal의 에너지를 낼 수 있으며 일부 당질은 신체 내의 즉각적인 에너지 요구에 따라 포도당으로 쓰이고 나머지는 간과 근육에 글리코겐으로 저장된다. 단, 신체에서 적혈구, 뇌세포 및 신경세포

[Q9] 우유를 마신 후 설사를 하는 사람들은 우유를 먹지 말아야 할까?

A. 체내에 선천적으로 유당분해효소(Lactase)를 보유하지 못한 사람들이 있다. 이들은 우유에 들어 있는 유당을 분해시키지 못하므로 유당은 체내로 흡수되지 않고 대장으로 가서 박테리아에 의해 발효되면서 산과 함께 가스를 생성한다. 따라서 배에 가스가 차고 복통과 설사를 가져올 수 있는데, 이것을 유당불내증(Lactose Intolerance)이라고 한다. 원칙적으로는 유제품의 섭취를 제한하여야 하지만 우유는 칼슘과 단백질의 공급원으로 인체에 아주 좋은 식품이다. 우유를 조금씩 섭취하게 되면 신체에서 그 필요를 인식하고 유당분해효소가 점점 생기게 된다. 처음에는 많은 양의 섭취를 제한하고 따뜻한 우유로 양을 늘려가면서 적응하는 것이 좋다. 또한 유당 함량이 적은 우유를 선택하는 것이 섭취 시 속이 덜 불편하다.

는 저장된 복합당질을 이용하지 않고, 섭취된 포도당만을 에너지원으로 이용한다. 한편 과잉 탄수화물은 인슐린에 의하여 지질로 전환되어 지방조직에 저장된다.

(2) 단백질 절약작용(Protein Sparing Action)

적절한 탄수화물의 섭취는 몸에 있는 체단백질을 보호한다. 포도당을 이용하는 세포에 에너지를 제공하고자 할 때 탄수화물의 섭취가 부족하면 단백질로부터 포도당을 합성한다. 따라서 탄수화물을 적게 섭취하거나 굶으면 근육에 존재하던 단백질이 분해되어 포도당 합성에 쓰이게 된다. 단백질은 에너지를 내

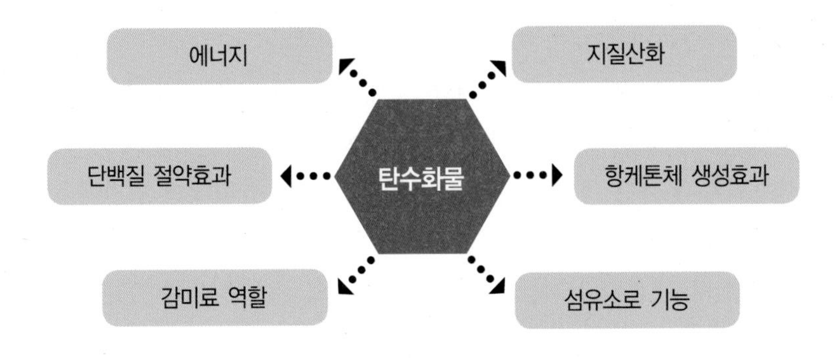

[그림 2-3] **탄수화물의 영양소 절약작용 및 역할**

포도당이 꼭 공급되어야 하는 신체의 기관

적혈구와 중추신경계는 포도당이 거의 유일한 열량원이다. 혈중 포도당의 양이 정상 이하로 감소되면 뇌의 주요 에너지 급원인 포도당이 결핍되고 이로 인해 뇌의 기능이 불균형 상태에 빠지게 되므로 문제를 일으키게 된다. 신경조직과 폐조직도 역시 포도당을 연소시켜 주요 에너지원으로 사용하는데, 저장된 당질을 이용하지 않고 섭취된 포도당을 이용한다. 그러나 장기간의 기아 상태에서는 뇌조직이 케톤체(Ketone Body)를 에너지원으로 이용하기도 한다. 한편 당질은 기타 영양소에 비해 소화 흡수율이 98.2%로 높아 섭취된 당질의 거의 전부가 체내에서 이용된다. 또한 몸에 섭취되어 소비될 때까지의 시간이 짧기 때문에 신속하게 피로를 회복시킬 수 있다. 이러한 의미에서 운동 및 등산 시에 흔히 사탕이나 초콜릿 등을 먹는 것은 신속하게 당질을 공급한다는 측면에서 매우 효과적이라 할 수 있다.

는 일 외에 호르몬 합성 및 신체의 구성 성분으로 중요한 역할을 해야 한다. 만약 당질의 섭취가 불충분하여 포도당을 공급하지 못하면 신체는 주로 단백질에서 포도당 신합성이라는 과정을 통하여 포도당을 생성한다. 이 과정이 계속되면 근육 손실 등의 피해가 커지게 된다. 이러한 현상은 체중을 줄이기 위해 열량을 제한하거나 단식을 하는 경우에 발생한다. 따라서 당질을 충분히 섭취하면 체내 단백질이 포도당 합성에 쓰이지 않으므로 단백질을 절약할 수 있다.

(3) 지방의 불완전 산화, 케톤증(Ketosis) 예방

적절한 탄수화물의 섭취는 체내에서 지방의 불완전 산화를 막는다. 불충분한 당질의 섭취로 인해 인슐린 분비가 감소하면 지방이 분해되어 아세틸 CoA가 다량 생성된다. 그러나 포도당으로부터 생성되는 옥살로아세트산(Oxaloacetic Acid)이 없으므로 구연산 회로에 들어갈 수 없게 되고 이에 따라 간에서 지방산 산화가 불완전하게 된다. 탄수화물을 아주 적게 섭취한다면 지방이 분해될 때 완전히 산화되지 못하고 케톤체가 만들어지는데, 이들이 혈액과 조직에 많이 축적되는 것이 케톤증이다. 혈액 내에 케톤체가 증가하면 케톤체는 나트륨과 칼륨과 같이 소변으로 배설된다. 이러한 무기질 이온의 손실은 탈수(Dehydration)를 일으킬 수 있다. 따라서 절식이나 다이어트를 진행하는 중에도 케톤증을 막기 위하여 1일 최소 60~100g의 당질을 섭취해야 한다.

(4) 감미료로서의 역할

사람은 태어나면서부터 단맛에 친근감을 가진다. 당질은 식품의 단맛과 향미를 제공해 준다. 단맛의 수용체는 혀끝에 있으며 당의 종류에 따라 그 감미도가 다르다. 따라서 이러한 단맛을 내는 감미료가 여러 가지 용도의 필요에 의하여 개발되었다. 한편 당뇨병 환자 등을 위하여 최근 여러 대체 감미료가 개발되어 이용되고 있다. 감미료에는 천연 감미료와 인공 감미료의 두 가지 종류가 있다.

[Q10] 탄수화물의 섭취 제한으로 유발되는 케톤증의 증상은?

A. 조절되지 않는 당뇨병이나 고단백 식사만 하는 황제 다이어트의 경우에 케톤증이 생긴다.
- 케톤체가 많이 생성되면 숨을 쉴 때마다 아세톤 냄새가 난다.
- 케톤체를 몸 밖으로 배설하기 위하여 소변량이 많아지며 탈수 현상이 일어날 수 있다.
- 식욕이 없고 속이 메스꺼우며 머리가 아프고 쉽게 피로하다.
- 장기간 지속되면 뇌에 치명적인 영향이 있다.

탄수화물의 부족 & 과잉 현상

당질의 섭취량이 부족하면 허약해지기 쉽고, 피로 및 탈수증상이 나타난다. 심각하게 당질이 결핍될 경우에는 피부조직의 단백질마저 에너지에 이용되므로 피부는 탄력을 잃고 주름이 생기게 된다. 또한 많은 양의 지질이 에너지에 이용되면 지질의 중간 대사물인 케톤체가 많이 생성되어 산혈증(Acidosis)이 나타난다. 당질은 하루에 적어도 60~100g을 섭취하여야 산혈증을 예방하는 항케톤체 생성 효과(Antiketogenic Effect)를 기대할 수 있다. 곡류를 위주로 하는 식습관에서는 탄수화물 결핍증은 잘 나타나지 않는다.

반대로 당질을 과잉섭취 하면 피지의 분비량이 많아져 여드름과 같은 문제가 유발되고 수분요구량이 증가하므로 자극에 예민한 과민성 피부로 변하게 된다. 그리고 과잉 섭취한 당질은 체지방으로 전환되어 비만의 원인이 되며, 비타민 B_1의 소비를 증가시켜 비타민 결핍증을 초래하게 된다. 따라서 탄수화물 음식을 과잉 섭취하는 것은 체형 관리나 건강, 피부미용에 해롭다.

1) 천연 감미료

모든 단당류(Glucose, Fructose, Galactose)와 이당류(Sucrose, Lactose, Maltose)는 단맛을 소유하고 있다. 따라서 당질은 단맛을 내는 감미료로 사용된다. 이 성분들 가운데 자당이 가장 순수한 단맛을 가지고 있는데, 자당과 비교한 당질의 상대적 당도는 [표 2-1]과 같다.

천연 감미료에는 꿀이 있는데 이는 벌의 소화효소에 의해 생성된 것으로, 과당이 다량 함유되어 있다. 과당은 자당이 포도당과 과당으로 분해될 때 생성된다. 자연산 꿀에는 클로스트리디움 보툴리늄(*Clostridium Botulinum*)의 포자가 함유되어 있는 경우가 많으므로 소화 장애를 일으킬 수도 있다. 성인의 경우 위의 산성 환경은 이 미생물의 성장을 억제하나 어린이는 위산이 약해 미생물이 번식할 수 있으므로 섭취하지 않는 것이 좋다.

2) 당 알코올(Sugar Alcohols)

당 알코올에 속하는 당에는 솔비톨(Sorbitol), 자일리톨(Xylitol)이 있다. 이들 당은 분해되어 에너지원이 되므로 영양적인 가치가 있으나, 당 알코올은 다른 당류에 비해서 흡수, 대사되는 속도가 느리다. 솔비톨은 사탕 제조 시에 감미료로 사용되지만 구강 내 미생물에 의해 대사되지 않기 때문에 다른 당에 비

[표 2-1] **설탕의 단맛과 인공 감미료의 당도**

종 류	당도
1) 당질	
과당	1.2~1.8
설탕	1.0
포도당	0.7
맥아당	0.4
2) 당알코올	
솔비톨	0.6
자일리톨	0.9
3) 인공 감미료	
사카린	300
아스파탐	200

해 충치를 형성하지 않는다. 자일리톨은 오랫동안 무가당 껌 제조에 많이 이용되고 있어 일반인들에게도 보편화된 성분이다. 한편, 당 알코올의 과다 섭취는 장 흡수에 지장을 주므로 설사의 원인이 되기도 한다.

3) 대체 감미료(인공 감미료)

대체 감미료에 속하는 당류로는 사카린(Saccharin), 사이클라메이트(Cyclamate), 아스파탐(Aspartame) 등이 있다. 이 중에서 사이클라메이트는 1970년 미국에서 사용이 금지된 대체 감미료이다.

① 사카린(Saccharin)

사카린은 대체 감미료 중에서 가장 오래된 것이며 1897년부터 생산되었다. 사카린의 당도는 설탕보다 300배 높지만 열량이 없는 당류이며 세계적으로 90개국에서 사용이 허가되었다. 그러나 사카린의 사용이 동물의 담낭에 암을 유발하였다는 실험 결과가 발표되면서 사카린의 사용에 대하여 많은 논란이 있었다.

② 아스파탐(Aspartame)

아스파탐은 1981년에 새롭게 선을 보인 대체 감미료이다. 설탕보다 200배 강한 당도를 가진다. 아스파탐은 1g당 4kcal의 열량을 생산하나 극히 미량만 사용해도 단맛이 강하므로 최근 대체 감미료로서 널리 사용되고 있다. 아스파탐에는 페닐알라닌이 함유되어 있으므로 페닐케톤뇨증(Phenylketonuria : PKU)이 의심되는 사람은 사용을 피해야 한다.

3. 설탕의 과잉 섭취와 건강 문제

생활의 선진화와 식품가공업의 발달로 인해 설탕의 섭취량이 증가하고 있으며, 이에 따른 건강 문제도 늘어나고 있다. 설탕 섭취의 증가현상에 의해 발생되는 문제는 충치, 비만, 당뇨병, 심장순환계 질환, 영양상태 불량 등이 있다.

설탕을 과잉섭취하면 아래와 같은 문제가 발생한다.

① 비타민 B_1의 소비를 촉진시켜 비타민 B_1의 결핍을 초래한다.
② 과잉 섭취한 설탕은 지방으로 전환되어 비만을 초래한다.
③ 체액이 산성화되므로 외부의 스트레스로 인하여 피부는 쉽게 피로를 느끼고 민감해진다.

④ 입안에서 박테리아(*Streptococcus Mutan*)에 의하여 치아가 약해지며 충치가 생긴다.

설탕은 오직 열량을 낼 뿐 그 외의 영양소는 들어 있지 않아 종종 '빈(Empty, Naked) 영양소' 라 불리기도 한다. 설탕이나 단 음식을 많이 섭취하게 되면 영양가 있는 식품들을 소홀히 섭취하게 되고 이에 따라 빈약한 영양 상태가 될 수도 있다. 비만증이란 체지방이 많이 축적된 것인데 이는 열량 영양소의 섭취가 과다했을 때, 특히 탄수화물의 섭취가 많았을 때 유발되는 현대의 질환이다. 에너지의 소비 즉, 운동량과 활동대사량에 영향을 받지만 단 음식을 많이 먹는 사람들은 열량의 섭취가 과다하게 되어 체지방이 축적될 수 있다. 또한 설탕은 중성지질의 증가를 초래하여 성인병을 유발할 수 있다.

설탕이 충치 발생의 요인이라는 것은 분명한 사실로 알려져 있다. 입안에 있는 박테리아는 치아에 남아 붙어 있는 설탕 찌꺼기를 곧바로 덱스트란(Dextran)이라는 끈적끈적한 물질로 변화시킨 후, 그곳에 서식하면서 이를 영양원으로 사용한다. 이러한 박테리아의 대사작용에 의해 생성된 젖산은 구강 내 pH를 4까지 낮춘다. 보통 pH 5.5부터 치아의 에나멜층이 침식되고 용해되기 시작하여서 치아가 손상된다. 또한 설탕의 충치 유발 정도는 여러 인자에 따라 달라진다. 설탕의 농도가 진할수록 충치 유발성은 커지며 설탕의 섭취 빈도와 섭취 시간 등이 충치를 만드는 데 영향을 준다. 설탕의 섭취 빈도가 높을수록 충치 유발 효과는 더욱 커진다. 하지만 식사와 함께 설탕을 먹으면 다른 식품들과 침에 의해 설탕이 씻겨 내려갈 수 있다. 또한 식사를 할 때면 침의 분비가 왕성해지면서 이것이 산을 중화시킨다. 그러나 수면 전에 단 음식을 먹게 되면 수면 중에는 침의 분비가 감소되므로 밤새 설탕이 치아에 접촉한 상태로 있게 되어서 치아는 더욱 약해지게 된다.

[Q11] 자일리톨 껌은 정말로 충치를 예방할 수 있는가?

A. 충치균은 세포 내로 자일리톨을 흡수할 수 있으나 분해시켜 에너지원으로 사용하지 못한다. 입안에 자일리톨 성분이 많으면 다른 당을 흡수하지 않기 때문에 충치를 유발하는 설탕(자당)등을 이용할 수 있는 기회가 줄어든다. 결국 자일리톨은 충치를 유발하여 치아를 손상시키는 박테리아(Streptococcus Mutans)의 작용을 막고 충치균을 약화시키는 역할을 한다.

4. 건강에 필요한 성분, 식이섬유소

(1) 식이섬유소의 분류와 기능

식이섬유소(Dietary Fiber)는 화학적 성분으로 분류하면 다당류에 속하나 인체의 소화기관에서는 소화되지 않는 고분자화합물로서 주로 식물성 식품에 많이 들어 있다. 식이섬유소는 크게 불용성과 가용성 섬유소로 분류될 수 있으며 주로 당질을 포함하지만 비당질 물질도 포함된다. [표 2-2]에서 제시하는 바와 같이 셀룰로오스(Cellulose), 헤미셀룰로오스(Hemicellulose), 펙틴(Pectin), 검(Gums), 뮤실리지(Mucilages) 등의 당질과 비당질 알코올 유도체인 리그닌(Lignin) 등이 식이섬유소에 속한다.

[표 2-2] **식이섬유소의 분류와 생리적 기능**

분류	카테고리	종류	생리적 효과	주요 급원 식품
불용성 섬유소	비당질	리그닌	담즙과 결합해서 체외로 배출	채소
	당질	셀룰로오스, 헤미셀룰로오스	분변량 증가, 장 통과시간 단축	밀, 현미, 보리, 곡류(현미), 채소
가용성 섬유소	당질	펙틴, 검, 뮤실리지, 해조다당류	만복감 부여, 포도당 흡수 지연, 혈청콜레스테롤 저하	과실류(감귤류, 사과), 귀리, 보리, 강낭콩, 해조류

불용성 섬유소는 물에 녹지 않아 겔(Gel) 형성력이 낮으며 배변량과 배변속도를 증가시키는 생리작용이 있다. 대표적인 섬유소로서 셀룰로오스는 아밀로오스와 유사한 직쇄구조의 다당류이지만, 전분과는 달리 포도당이 β 결합을 하고 있다. 사람의 경우 셀룰로오스 분해효소가 없으므로 셀룰로오스를 소화시키기 어려우나 분해효소가 분비되는 초식동물은 이를 소화시킬 수 있는 능력이 있다.

(2) 식이섬유의 역할

1) 식이섬유를 왜 섭취해야 하나?

식이섬유가 소화기관 내에서 수행하는 중요한 역할은 다음과 같다.

① 물을 흡수하여 음식의 부피를 증가시킨다.
② 장 안에서 콜레스테롤 등을 흡착, 노폐물 배설을 촉진한다.
③ 내용물의 소화관 통과시간을 단축시킨다.
④ 음식물의 소화 흡수를 저하시켜 비만을 예방한다.
⑤ 장과 간에 순환하는 담즙산을 감소시킨다.
⑥ 장내 유익 세균을 증식시킨다.

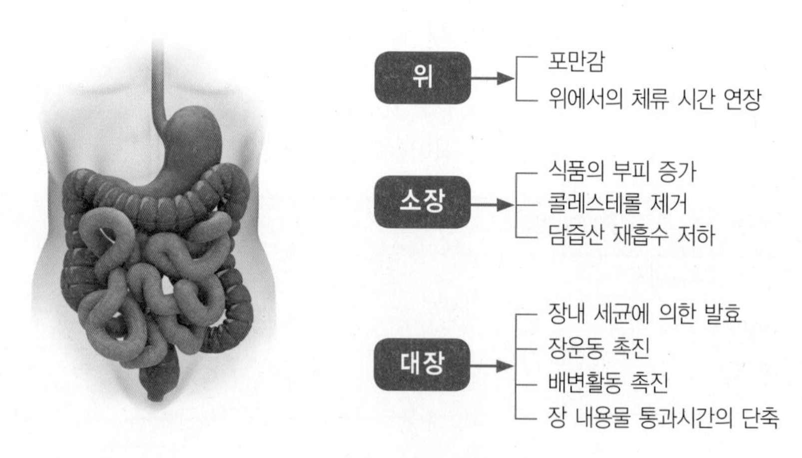

[그림 2-4] **섬유소의 기능**

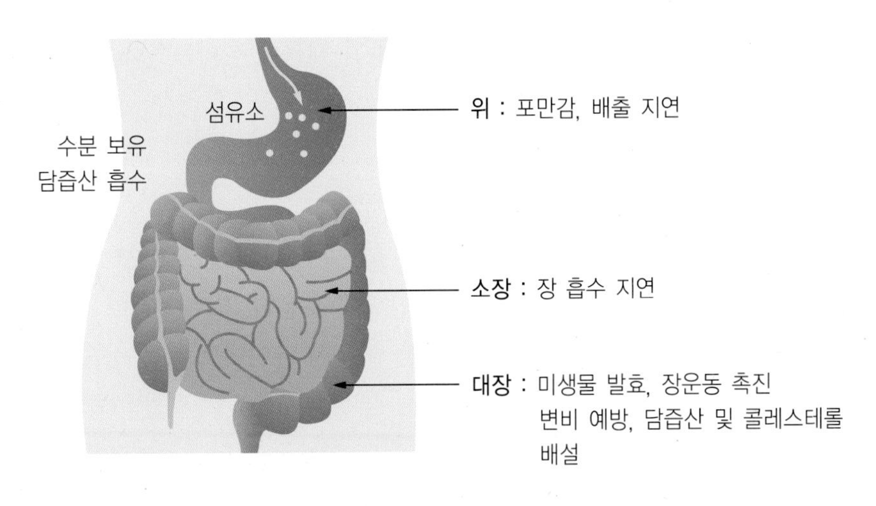

[그림 2-5] **식이섬유와 소화**

2) 식이섬유소의 급원

① 채소와 과일

채소와 과일은 식이섬유소를 많이 포함하고 있어 장운동을 돕고 노폐물 및 콜레스테롤을 흡착시켜 배설을 촉진시킨다.

② 현미 및 덜 도정한 곡류

현미는 백미에 비하여 섬유소, 비타민, 무기질 등의 많은 영양소를 함유하고 있어 최근 건강식으로 관심이 높아지고 있다.

현미의 섬유소가 가지고 있는 기능은 아래와 같다.

첫째, 현미의 섬유소는 대장암을 예방한다. 음식물의 장내 통과시간을 단축시키며 장의 원활한 운동을 돕는다.

둘째, 현미의 섬유소는 담즙산을 장으로 배설하여 결과적으로 혈청 콜레스테롤을 감소시키는 기능을 한다. 또한 음식중의 콜레스테롤이 장으로부터 혈액으로 흡수되는 것을 억제하여 혈중 콜레스테롤 함량을 감소시키는 역할을 한다.

셋째, 현미에는 성장촉진인자로서 비타민 B_1, B_2가 풍부하기 때문에 피부를 건강하게 해 주고 체액의 산화를 막는다. 현미의 배아 속에는 노화를 막아 주는 비타민 E도 함유되어 있다.

넷째, 당뇨병 예방을 위해서도 현미의 섬유소는 필요하다. 장으로부터 혈액이 흡수될 때 과잉의 당분흡수를 저지하거나 흡수속도를 지연시켜 준다. 따라서 인슐린을 분비하는 췌장의 부담을 줄여 주기 때문에 현미는 당뇨병 예방과 치료에 효과가 있다.

③ 해조류

파래, 김, 미역, 다시마와 같은 해조류의 다당류는 소화가 잘 안 되는 복합 다당류이다. 소화율이 식물성 전분의 1/3 정도로 낮기 때문에 적은 양으로도 포만감을 느낄 수 있어서 비만을 비롯한 성인병에 도움이 되는 식품이다. [그림 2-6]에 제시된 바와 같이 최근에 해조류를 이용한 다이어트 식품이 대중화되고 있으며, 해조류는 피부미용, 노화 방지, 향미를 주는 기호식품으로도 가치를 지니고 있다. [표 2-3]에서 보는 것과 같이 해조류는 다른 식품에 비해 비타민 A의 함량이 많으며 무기질로는 칼슘, 요오드를 많이 함유하고 있다.

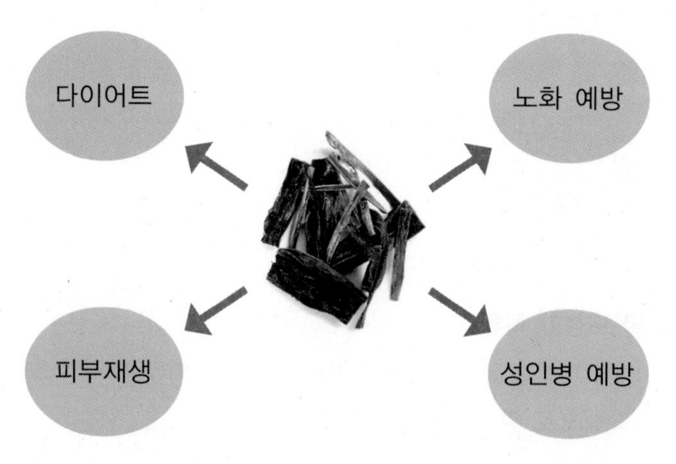

[그림 2-6] **해조류의 기능**

[표 2-3] **해조류의 성분**

(가식부 100g당)

	당질 (g)	식이섬유 (g)	지질 (g)	총비타민A (RE)	칼슘 (mg)	요오드 (μg)
마른 김	40.3	34.65	1.7	3,750	325	3,800
다시마(말린 것)	45.2	27.60	1.1	96	708	136,500
미역(말린 것)	36.3	43.40	2.9	1,300	959	11,600
파래(말린 것)	42.1	29.60	0.6	10	652	0

현대인의 기호식품, 녹차를 마시면 좋은 점

- 녹차의 카페인은 중추신경을 흥분시키고 감각, 운동신경을 항진시킨다. 그래서 녹차를 마시면 사고력과 기억력, 운동 기능이 향상되며 피로감과 졸림이 완화된다.
- 이뇨작용을 돕는 성분이 있어 소변량을 증가시키고 노폐물의 배설을 돕는다.
- 피지선, 한선 등 분비샘의 분비력을 향상시켜 주며, 지루성 피부염이나 여드름 피부의 질환을 개선시킨다.
- 녹차의 카페인 성분 중 카테킨(Catechin)이 피부에 유해한 활성산소를 감소시켜 피부노화를 억제시킨다. 또한 체내에 축적된 지방을 감소시키는 효과가 높다는 사실이 알려지면서 많은 여성들이 다이어트 중에 녹차를 마시고 있다. 카테킨은 현재 지방분해제로도 이용되고 있다.
- 가루녹차는 지질을 연소시키는 역할로 인하여 다이어트에 도움이 되고 체중 감소로 늘어지기 쉬운 피부의 탄력을 유지시키므로 젊은 여성들이 선호하고 있다.

해조류의 섬유함량은 5~15% 정도이며 이 해조 섬유질은 해조 다당류와 함께 장벽을 자극하므로 배변을 원활하게 하여 변비를 예방하여 주는 효과가 크다. 또한 해조류에는 카로틴과 토코페롤 등이 함유되어 있어서 항산화, 항노화의 기능을 하며 피부를 밝고 환하게 유지시켜 준다.

(3) 식이섬유소와 건강

다른 영양소의 소화 · 흡수율을 저하시키면서 그 자체는 소화 · 흡수되지 않아서 영양학적으로 덜 중요하게 다루어졌던 식이섬유소는 시대의 변화에 따라 각종 효능이 밝혀지면서 관심이 매우 높아지게 되었다.

1) 변비, 게실염, 대장암의 예방 효과

식이섬유소가 적은 식사를 반복하면 변이 장내에 오래 머물게 되며 장의 운동이 원활하지 않아서 배변이 힘들어진다. 이러한 경우 배설을 하기 위하여 힘을 쓰게 되고, 이에 따라 대장벽의 일부가 근육층 사이에 작은 주머니를 만들게 되는데 이를 게실이라 한다. 이 게실 내에 음식물 찌꺼기 등이 들어갔을 때

박테리아가 이것을 대사시켜서 산과 가스를 형성하게 되면 게실을 자극하여 게실염이 생긴다. 게실염은 항문 주위의 정맥이 부푸는 치질보다 좀 더 통증이 크다.

한편, 선행 연구에서 곡류, 과일, 채소의 섭취가 적은 식사를 하는 사람에게 대장암의 발생빈도가 높았고, 지질 · 육류 · 열량의 섭취가 많은 경우에도 암의 발생률이 증가한 것으로 나타났다. 식이섬유소의 주성분인 셀룰로오스와 펙틴은 수분 결합 능력을 가지고 있어서 변의 부피와 무게를 증가시켰다. 또한, 식이섬유소는 변을 부드럽게 만들어서 장 통과시간을 단축시키므로 정장작용을 하여 배변을 돕는다.

2) 비만 예방

식이섬유소는 체중 조절을 도와 비만을 예방한다. 고섬유소 식사는 부피 증가로 포만감을 주므로 다른 음식의 섭취량이 적어진다. 또한 음식물이 장을 통과하는 시간을 빠르게 하므로 영양소의 흡수량을 감소시키며 유해물질 및 콜레스테롤, 지방분의 배출을 돕는다. 따라서 비만 예방을 위하여 섬유소가 많은 식품을 섭취하는 것이 다이어트에 도움이 된다.

3) 당뇨병 및 동맥경화증과의 관계

가용성 식이섬유소는 소장의 당 흡수를 느리게 하므로 혈당이 천천히 증가하고 인슐린 분비도 감소하여 당뇨병에 도움을 준다. 또한 소장의 콜레스테롤 흡수를 방해하여 혈청 콜레스테롤을 감소시키고, 간의 콜레스테롤 합성도 줄어들기 때문에 동맥경화증에도 도움이 된다. 한편 식이섬유소는 장에서 담즙산과 결합하여 담즙산의 재흡수를 저해하면서 콜레스테롤의 배설량을 증가시키므로 고지혈증 치료와 예방에 도움을 준다. 오트밀, 과일, 채소, 현미 등도 가용성 섬유소의 좋은 급원이다.

4) 고섬유소 식사의 문제점

고섬유소 식사는 수분 요구량이 증가되기 때문에 물을 많이 마셔야 한다. 수분 섭취가 부족하면 초기엔 일시적인 변비 현상이 생길 수 있다. 또한 식이섬유소는 칼슘, 아연, 철분 등의 중요한 무기질과 결합하여 배설된다. 그 외에도 고섬유소 식사는 장내 가스를 생성하며, 종종 위장에 피토베조르라는 섬유소 덩어리를 만든다. 이는 고섬유소 식사를 하는 당뇨환자나 노인에게서 발견되며 소장의 흐름을 막을 수 있다. 그러나 일반적으로 우리가 식사에서 섭취하는 양으로는 고섬유소 식사의 문제는 거의 발생하지 않는다.

아침식사의 대용, 시리얼 제품인 켈로그와 포스트

식이섬유소의 중요성을 인지한 미국의 그레이엄 목사는 도정을 덜 한 곡류를 이용한 과자를 만들어서 보급했는데, 그 후 켈로그 박사가 식이섬유소가 많이 함유된 곡류를 아침식사 대용으로 하기 위하여 켈로그 제품을 만들어서 판매하였다. 켈로그의 환자였던 포스트는 켈로그로부터 아이디어를 얻어서 건조시킨 과일이나 견과류를 첨가함으로써 맛을 향상시킨 다양한 시리얼 제품을 개발하였고, 섬유소를 이용한 아침대용식품을 개발한 포스트는 켈로그와 함께 백만장자가 되었다.

제 2 장

피부와 지질

1. 지질(지방)의 분류

물에는 녹지 않고 유기 용매에 녹는 물질을 지질이라고 하며, 상온에서 고체인 지방(Fat)과 액체 형태인 기름(Oil)이 있다. 지질은 글리세롤과 지방산으로 이루어져 있다. 지방산은 불포화지방산과 포화지방산으로 분류되며, 불포화지방산 중 필수지방산은 음식으로 섭취해야 하는 중요한 성분이다.

(1) 단순지방

① 중성지방(Neutral Fat)

자연계에서 지방산이 유리된 상태로 존재하는 경우는 매우 적고 대부분 글리세롤과 결합을 하고 있어 보통 중성지방의 형태로 존재한다. 소기름, 돼지기름 등은 동물성 중성지방에 속하고 대두유, 면실유는 식물성 중성지방에 속한다.

② 왁스류(Wax Esters)

왁스류는 고급지방산과 고급 알코올의 에스테르이며 화장품 등에 널리 이용되고 있다.

(2) 복합지방

① 인지질 (Phospholipid)

인지질은 글리세롤에 지방산뿐만이 아니라 인산이 결합되어 있다. 뇌세포, 신경계통, 간장, 골수 및 체액에 많이 들어 있다.

② 당지질 (Glycolipid)

일반적으로 당지질에는 갈락토오스가 들어 있으며, 뇌신경에 많이 있고 세포 구성에 관여하고 있다.

③ 지단백 (Lipoprotein)

지단백은 지방산과 단백질의 복합체로 혈중에 많이 존재하여 지방의 운반과 축적에 관여한다.

(3) 유도지방

① 지방산(Fatty Acid)

지방산은 지방의 구성 성분으로 지방산의 길이 및 이중결합의 수에 따라 여러 종류가 있다. 공기 중에 고체 상태로 존재하며, 주로 동물성 지방인 포화지방산과 액체 상태의 식물성 지방인 불포화지방산이 있다.

② 글리세롤(Glycerol)

글리세롤은 중성지방의 구성 성분이고 오래전부터 보습제로 사용되어 왔다.

③ 스테롤(Sterol)

스테롤은 성호르몬, 비타민 D 및 부신피질 호르몬을 구성하는 성분이다.

④ 콜레스테롤(Cholesterol)

콜레스테롤은 담즙의 주성분으로 뇌신경, 간장과 비장 등에서 발견된다.

2. 지질의 역할

지질의 주된 생리적 기능은 [그림 2-7]에서 보는 바와 같이 고열량을 내는 에너지원으로 필수지방산을 공급하며, 체내 지용성 비타민을 운반하고 체지방 조직을 구성하는 체구성 성분이다. 지질은 체온을 일정하게 유지하기 위한 단열재로서의 작용과, 중요한 장기를 외부의 충격으로부터 보호할 수 있는 보호

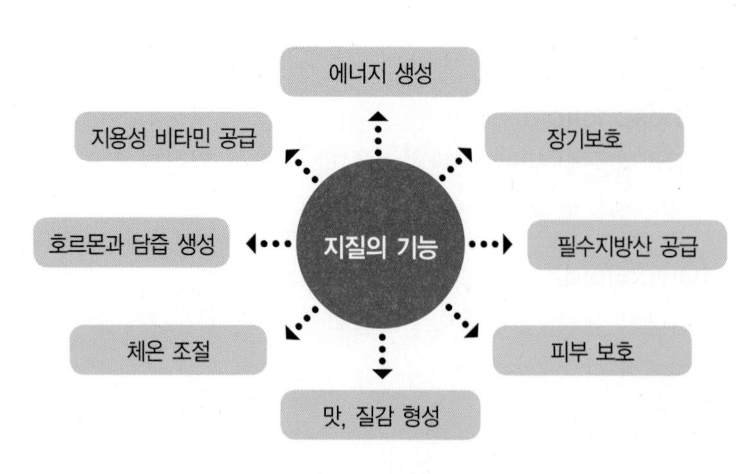

[그림 2-7] **지질의 기능**

막의 역할도 하고 있다. 또한 비타민 B_1의 절약작용을 하고 소화를 서서히 시켜 위의 만복감을 오랫동안 지속시키는 작용도 한다.

(1) 지질의 기능

① 에너지원으로 1g당 9kcal이며 체온을 조절해 준다.
② 필수지방산의 공급원이며 지용성 비타민(비타민 A, D, E, K)의 흡수를 촉진한다.
③ 피부에 윤기와 탄력을 준다. 표피에서 보습효과가 있으며 외부의 유해물질 침입을 방지한다.
④ 음식에 부드러운 질감을 주며 맛과 향미를 제공한다.

[Q12] 마가린은 식물성 지방인데 왜 포화지방산인가?

A. 지방이 고체에서 액체로 변하는 온도가 녹는점인데 불포화도가 높을수록 녹는점이 낮아 실온에서 액체이며 참기름, 면실유, 대두유와 같은 액체유가 불포화지방산이다. 마가린은 식물성 지방인 불포화지방산에 수소를 첨가하여 이중결합을 없애고 포화지방산으로 만든 것이다. 원료는 식물성이지만 버터와 같이 고체 상태이며 따라서 마가린이 딱딱할수록 포화지방산의 함량이 높다.

⑤ 체조직의 성분으로 작용하며 신체기관을 보호한다.
⑥ 호르몬과 담즙의 생산을 촉진하며 인지질은 세포막의 구성 성분이다.

(2) 지방의 필요 섭취량

불포화지방산이 몸에 좋다고 하여 무조건 다량의 식물성 기름과 생선기름만을 섭취하면 체내에서의 산패로 인한 과산화물질이 증가한다. 또한 이를 방지하기 위한 항산화제인 비타민 E의 필요량이 계속 증가하게 되므로 포화지방산과 불포화지방산과의 비율, 즉 P/S 비율을 2:1 정도로 유지하는 것이 바람직하다. 한편, 지질 섭취를 무조건 기피하여 지방 성분이 부족하게 되면 필수지방산의 부족에 따른 성장 부진, 습진성 피부염, 저항력 감소 등 지질대사가 전반적으로 영향을 받게 되어 신체가 부실해 진다. 또한 혈액 중 콜레스테롤과 중성지방의 함량이 증가하게 되는데, 하루에 섭취해야 하는 지질의 양은 개인별로 차이가 있지만 일반적으로 다음과 같은 섭취기준을 제안하고 있다.

① 총 열량 중 15~25%에 해당하는 지질을 섭취한다.
② 필수지방산은 총 열량 중 2%를 유지한다.
③ P/S의 비율은 1.5:1 또는 2:1로 불포화지방산의 섭취율을 높인다.
즉 다중불포화지방산, 단일불포화지방산, 포화지방산의 비율은 1:1:1을 유지한다.

(3) 지방의 급원 식품

동물성 지질은 육류, 어류, 유제품, 달걀노른자 등에 많이 함유되어 있으며, 식물성 지질은 대두유, 참기름, 들기름 등에 함유되어 있다. 인체의 생리기능에 중요한 역할을 하는 지방산은 등 푸른 생선, 콩 제품 등에 많이 함유되어 있으며, 필수지방산은 체내의 콜레스테롤을 빠른 속도로 제거하는 기능이 있어 혈중 콜레스테롤의 농도가 높아지면 필수지방산이 더욱 많이 요구된다. 필수지방산은 식물성 유지에 많이 함유되어 있으며, [표 2-4]에서는 식품에 함유된 지질 함량과 이를 구성하는 지방산의 함량을 보여주고 있다.

[표 2-4] 각종 식품에 함유된 지질과 지방산의 함량

식 품		지질 (g/100g)	포화지방산 (g/100g)	불포화지방산(g/100g)		콜레스테롤 (g/100g)	리놀레산 (g/100g)
				단일불포화 지방산	다가불포화		
곡 류	현미	1.3	0.30	0.40	0.43	0	36.9
	백미	0.5	0.16	0.12	0.17	0	37.1
두 류	두부	5.0	0.88	1.02	2.48	0	52.7
	완두콩	2.3	0.27	0.44	0.68	0	43.3
종실류	땅콩(볶은 것)	49.5	9.06	24.01	15.15	0	36.5
	참깨(볶은 것)	53.8	7.80	19.78	23.41	0	45.6
육 류	닭(다리)	14.6	3.87	6.47	2.26	94	15.2
	돼지(삼겹살)	38.3	15.47	16.81	3.94	64	11.8
	소(안심)	16.2	6.12	7.55	0.39	70	2.6
난 류	달걀	11.2	3.14	4.37	1.60	470	12.6
어패류	갈치	5.9	1.69	2.09	1.14	72	1.2
	고등어	16.5	3.96	5.40	4.13	48	1.5
	새우	0.7	0.07	0.07	0.12	150	1.2
	오징어	1.0	0.14	0.03	0.22	294	0.5
유 류	아이스크림	13.9	7.69	3.06	0.31	32	3.2
	우유	3.2	2.17	0.91	0.11	11	3.4
	모유	3.5	1.25	1.30	0.60	15	15.0
유지류	면실유	100.0	22.00	18.00	54.10	0	54.8
	버터	84.5	51.44	20.90	2.43	200	3.6
	옥수수기름	100.0	12.50	32.50	48.70	0	50.5
	참기름	100.0	14.20	37.00	42.60	0	43.7
	대두유	100.0	14.00	23.20	57.40	1	54.2
	팜유	100.0	47.60	37.60	9.40	1	10.5
	해바라기씨유	100.0	9.80	17.90	66.50	0	69.9

3. 필수지방산

ω-3계와 ω-6계의 다중불포화지방산(Polyunsaturated Fatty Acid : PUFA)은 항체 형성, 정상적인 시력 유지, 세포막 형성에 필요한 영양소이며, 우리는 급원 식품을 통해 공급받아야 한다. 따라서 이들 지방산을 '필수지방산(Essential Fatty Acid)'이라 한다. 필수지방산은 이중결합이 존재하는 불포화지방산으로서 건조하고 생기 잃은 피부에 영양을 주고 피부의 저항력을 증가시켜 탈모와 피부병 증상을 완화시킨다. 지질의 역할을 정상화시키며 피부조직의 탄력성도 좋게 한다. 또한 필수지방산은 콜레스테롤의 축적을 방지하며 피부노화를 막아준다. 신체는 ω-3계와 ω-6계 지방산을 합성할 능력이 없으므로 정상적인 기능을 위하여 이는 급원 식품으로부터 공급되어야 한다.

(1) 필수지방산의 기능

① 세포막의 구성 성분이 되며 세포를 정상적으로 유지한다.
② 혈청 콜레스테롤을 감소시킨다.
③ 두뇌 발달의 성분이다.
④ 피부의 면역기능을 향상시킨다.
⑤ 피부건조증, 습진, 탈모 예방을 한다.

(2) 필수지방산의 종류

① 리놀레산(Linoleic acid)

리놀레산은 ω-6계 지방산 중에서도 중요한 지방산으로, 충분히 섭취하면 C_{20}지방산인 아라키돈산(Arachidonic acid)을 체내에서 자체적으로 합성한다. 아라키돈산은 세포막의 구조와 기능을 유지하는 데 필수적인 성분으로 결핍 시에는 습진성 피부염이 발생한다. 리놀레산의 섭취가 불충분할 때에는 아라키돈산이 자체적으로 합성되지 못하고 따로 급원 식품을 통해 공급받아야 하므로 아라키돈산도 필수지방산의 범주 내에 들어가게 된다. 아라키돈산의 합성에는 비타민 B_6가 관여한다. 리놀레산의 필요량은 총 섭취 열량의 1~2%로 균형 잡힌 식사를 하면 쉽게 섭취할 수 있다.

② 리놀렌산(Linolenic acid)

리놀렌산은 ω-3계 지방산 중 가장 중요한 지방산이다. 리놀레산과 마찬가지로 체내에서 합성되지 않으므로 식품 섭취로 공급해야 한다. 리놀렌산을 충분히 섭취할 때 우리 신체는 자체적으로 ω-3계 C_{20} 및 C_{22}지방산을 합성할 수 있다. 즉, 리놀렌산은 EPA(Eicosapentaenoic acid)와 DHA(Docosahexaenoic acid)를 합성하는 데 필요한 성분이다. 신체조직은 중요한 ω-3계 지방산을 함유하고 있으며, 특히 DHA는 눈의 망막과 뇌의 대뇌피질에서 활성화된다. 뇌의 DHA 함량의 50% 이상이 이미 출생 전 태아 시기에 조성되고 나머지는 출생 후에 공급받게 된다. 즉 태아 및 영아의 건강을 위하여 임신기, 수유기에 각각 DHA 공급 상태의 중요성을 시사하고 있다. 한편, ω-6계 지방산인 리놀레산으로부터 합성되는 아라키돈산, ω-3계 지방산인 a-리놀렌산으로부터 전환되는 EPA와 DHA를 합성을 위하여 필수지방산의 공급은 신체에 매우 중요하다고 할 수 있다.

[표 2-5] **필수지방산의 구조와 기능**

지방산	구조	기능	급원 식품
올레산 (Oleic acid)	$C_{18}H_{34}O_2$ (1개의 이중결합)	영양 공급	식물성 식품에 함유
리놀레산 (Linoleic acid)	$C_{18}H_{32}O_2$ (2개의 이중결합)	피부 보호, 아라키돈산 합성	채소, 면실유, 참기름
리놀렌산 (Linolenic acid)	$C_{18}H_{30}O_2$ (3개의 이중결합)	성장인자, 두뇌 기능 유지	콩기름

[표 2-6] **식용유의 불포화지방산 함유량**

(가식부 100g당)

불포화지방산의 종류 / 식용유	올레인산(g)	필수지방산(g)	
		리놀레산	리놀렌산
참기름	40.1	43.7	0.3
대두유	21.6	54.2	8.1
옥수수	34.7	50.5	1.5
올리브기름	76.5	7.8	0.6

4. 지방산의 종류와 기능

지방산의 포화도는 이중결합의 존재 여부에 달려 있다. 즉, 탄소와 탄소 사이에 이중결합(-C=C-)이 없이 단일결합(-C-C-)으로만 되어 있는 지방산을 포화지방산(Saturated Fatty Acid : SFA)이라고 한다. 포화도가 높은 지방산을 다량 함유하고 있는 지질은 상온에서 고체이다. 대부분의 동물성 지질은 상온에서 고체인 기름이며, 쇠고기의 지방이 대표적이다. 닭기름은 상온에서 반고체성을 지니고 있는데 이런 기름에는 포화지방산이 비교적 적게 함유되어 있다.

이에 반해 이중결합을 가지고 있는 지방산을 불포화지방산(Unsaturated Fatty Acid)이라 한다. 지방산의 구조 내에 이중결합이 1개 있는 것을 단일불포화지방산(Monounsaturated Fatty Acid : MUFA)이라 하며, 2개 혹은 그 이상의 이중결합을 함유하고 있는 지방산을 다중불포화지방산(Polyunsaturated Fatty Acid : PUFA)이라 한다.

[표 2-7] **고도 불포화지방산 함유식품과 그 생리작용**

지방산		급원 식품	기능
ω-3계	EPA DHA	고등어, 대구, 꽁치, 정어리, 참치	혈액순환, 두뇌 기능 유지, 성장인자, 동맥경화 예방, 혈압 저하작용
ω-6계	Arachidonic acid	홍화유, 대두유, 달맞이꽃 종자유	콜레스테롤 저하, 항혈전작용, 피부염 예방

[표 2-8] **EPA의 함량**

식 품	함 량(g/100g)
참치(기름진 것)	1.86
참치(기름이 적은 것)	1.06
정어리	1.03
고등어	0.8
꽁치	0.8
전갱이	0.2

탄소의 이중결합은 서로 다른 방향으로 탄소사슬이 존재할 수 있다. 서로 반대 방향으로 구조된 지방산의 분자 형태를 트랜스지방산이라 하고, 같은 방향의 형태는 시스지방산이라고 한다. 자연식품 중의 지방산은 대부분 시스지방산이며, 트랜스지방산은 마가린과 쇼트닝 등 수소화된 지방산이다.

EPA, DHA처럼 탄소사슬이 길고 불포화도가 높은 지방산들은 체내에서 더 대사되어 생물학적 활성도가 높은 물질인 아이코사노이드(Eicosanoid)를 만든다. 아이코사노이드에는 프로스타글란딘(Prostaglandin), 트롬복산(Thromboxane), 프로스타사이클린(Prostacyclin), 류코트리엔(Leukotriene) 등이 속하며, 이들은 호르몬 유사물질로서 체내에서 혈액응고를 감소시킬 뿐만 아니라 항균작용 물질을 합성한다. 또한 신체의 면역력에도 영향을 주므로 건강에 이롭게 작용한다.

5. 콜레스테롤

(1) 콜레스테롤의 기능

콜레스테롤은 체내에서 성적으로 중요하게 기능을 하는 여성 호르몬, 에스트로겐(Estrogen)과 남성 호르몬 테스토스테론(Testosterone) 등의 여러 가지 호르몬을 만드는 성분이다. 콜레스테롤은 비타민 D 전구체인 7-디하이드로콜레스테롤(7-Dehydrocholesterol)을 만드는 데에 필요한 물질이다. 콜레스테롤은 외부의 섭취 경로와 체내의 자체적인 합성에 의해서 공급되어지며 인체의 뇌, 신경 막을 구성하는 중요한 성분이다. 또 세포막을 구성하거나 성호르몬을 합성하는 데 반드시 필요하며 담즙산의 전구체로 사용된다. 한편 대사과정에서 지방의 운반을 담당하는 지단백질(Lipoprotein)의 중요한 성분이다.

(2) 콜레스테롤의 분류

콜레스테롤은 혈청 내에서 한 가지 형태로 존재하지 않고 LDL-콜레스테롤과 HDL-콜레스테롤로 나누어진다. 그 중 LDL-콜레스테롤은 성인병을 유발하는 성분으로 분류되며 반대로 HDL-콜레스테롤은 동맥경화, 비만 등을 예방하는 역할을 하는 것으로 알려져 있다.

또한, 혈청 내 LDL-콜레스테롤이 증가하면 HDL-콜레스테롤은 감소하므로 혈중 HDL-콜레스테롤의 함량이 높은 것이 건강에 유리하다.

(3) 콜레스테롤 과잉의 문제점

콜레스테롤은 동맥경화증을 유발하는 등 건강에 좋지 않은 성분으로 작용한다. 일부 콜레스테롤은 동맥벽 내부에 불용해성 염을 형성하여 혈관 내벽에 축적되므로 혈관벽의 탄력을 저하시키며 동시에 내강을 좁혀 혈액의 흐름을 원활하지 못하게 한다. 이러한 변화가 심장의 관상동맥에 생기면 심근경색증을 유발할 수 있고, 뇌동맥에 생기면 뇌경색을 유발하게 된다. 건강한 사람의 체내에는 약 130g 정도의 콜레스테롤이 존재한다. 그러나 연령이 높아짐에 따라, 혹은 동물성 식품을 즐기는 식습관의 변화로 인하여 콜레스테롤이 과다 축적되면 신진대사에 방해되고 노화를 촉진시키며 동맥경화증을 일으키게 된다.

(4) 콜레스테롤 권장량과 식품에 함유된 콜레스테롤의 함량

콜레스테롤의 섭취량은 세계적으로 하루에 300mg 미만을 권장하는데 식품을 선택할 때 참고가 되도록 [표 2-9]와 [표 2-10]에 식품 중 콜레스테롤을 함량별로 구분하였다. 매일 콜레스테롤을 식이로써 섭취하지 않아도 간에서는 체내에 필요한 콜레스테롤을 새롭게 합성할 수 있으므로 자체적으로 공급이 가능하다.

[표 2-9] **식품 중 콜레스테롤의 함량**

식품명	중량(g)	콜레스테롤(mg)
우유	100	11
버터	100	200
오징어	100	294
쇠간	100	246
비스킷	100	22
치즈	100	80
아이스크림	100	32
난황	100	1,300
오징어	100	294
명란젓	100	340
새우	100	150
가재	100	150

[표 2-10] 콜레스테롤 함량별 식품의 종류

콜레스테롤 함량이 많은 식품	콜레스테롤 함량이 적은 식품
난황, 버터, 마요네즈, 명란젓, 새우, 꽁치, 쇠간, 베이컨	콩, 두부, 된장, 우유, 요구르트, 쇠고기(살코기), 가자미, 달걀흰자

6. 지방의 소화흡수 및 대사

지방은 췌장에서 분비된 지방 분해효소(Lipase)에 의해 [그림 2-8]의 지방산과 글리세롤로 분해된다. 지방은 담즙에 의해 유화되어야 지방 분해효소의 작용을 받을 수 있다. 담즙은 간에서 합성되어 담낭에서 농축, 저장되었다가 지방 섭취 시 십이지장으로 분비되고 회장에서 재흡수되어 간으로 간다.

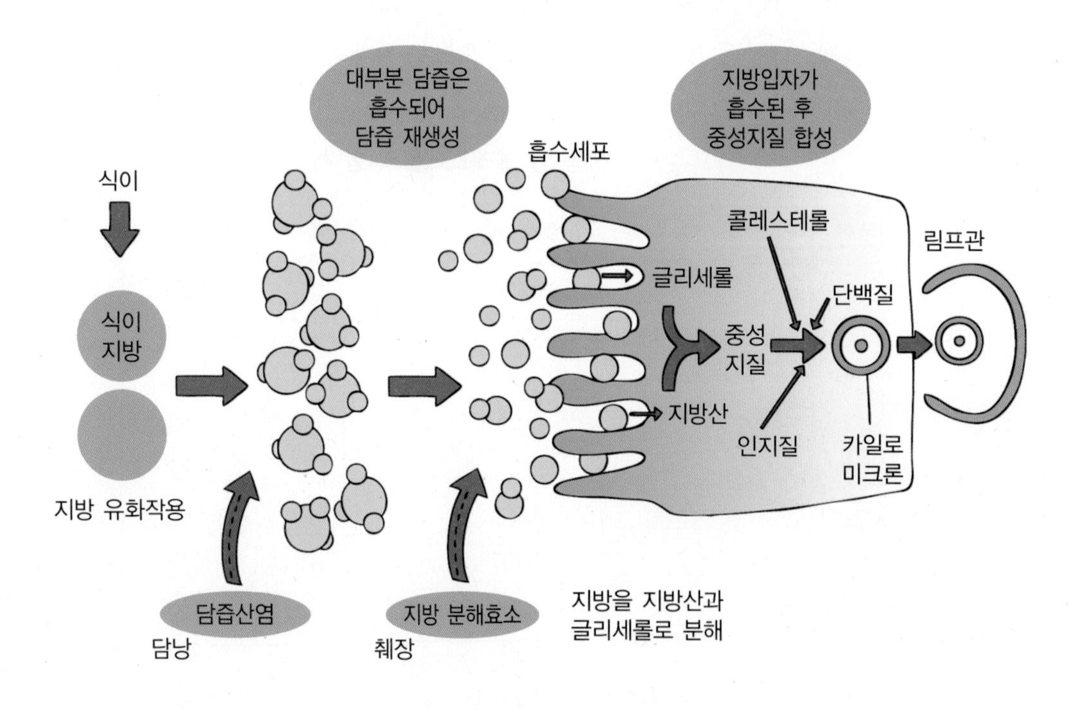

[그림 2-8] 지방의 소화와 흡수

7. 지질과 건강

지질을 통해 섭취되는 지방산이 건강에 미치는 영향에는 긍정적인 면과 부정적인 면이 있다. 지질의 과다 섭취나 식품의 잘못된 선택은 비만, 당뇨, 고혈압, 동맥경화 및 각종 암을 유발하는 원인이 되기도 한다. 우리나라 사람들의 사망 원인은 1950년대만 해도 전염성 질환이 1위를 차지하였으나 경제성장, 생활양식과 식생활의 변화로 인해 최근에는 심혈관계 질환과 암이 3대 사망의 주요 원인으로 대두되었다. 따라서 우리의 건강을 저해하는 질환과 지질 섭취와의 관련성에 관하여 살펴보고자 한다.

(1) 동맥경화증

동맥 내벽이 상처를 받게 되면 혈액세포, 콜레스테롤과 기타 물질들이 이 상처 부위에 모여들어 더 많은 세포를 생산하도록 혈관에 자극을 주게 된다. 따라서 내벽이 두꺼워지고 굳어지며 유연성 없는 딱딱한 조직이 형성되어 동맥경화증이 초래된다.

(2) 피부질환 및 여드름

ω-3 계열 지방산인 EPA(Eicosapentaenoic acid)와 DHA(Docosahexaenoic acid)는 그 중요성이 인식되어 각종 식품과 기능성 화장품에 널리 활용되고 있다. 이런 필수지방산의 부족은 피부의 건조현상과 붉음증을 가져온다. 반면, 지방식품의 과잉 섭취로 피지의 분비량이 필요 이상으로 증가되면 여드름 및 뾰루지가 생기며 화장도 잘 받지 않고 번들거리게 된다.

(3) 비만 및 지방간

지방의 열량은 단백질과 탄수화물보다 2배 이상 높아서 과잉 섭취하면 비만이 되기 쉽다. 비만은 동맥경화와 고혈압의 원인이 되며, 과잉으로 섭취한 지방이 간에 축적되면 지방간(Fatty Liver)이 되고 더 진행되면 간이 굳어지는 간경화(Liver Cirrhosis)로 이어진다. 지방간이나 간경화증이 생기게 되면 당질, 단백질 및 비타민의 대사 그리고 해독작용에 이상이 나타나 피부색이 검어지므로 어두운 피부톤으로 바뀌게 된다.

(4) 고콜레스테롤혈증

혈액 중의 콜레스테롤 농도가 높을 때 관상동맥질환의 발병률이 높다. 미국의 국민 콜레스테롤 교육 프로그램(National Cholesterol Education Program : NCEP)에서 35만 명의 남자 성인을 대상으로 실시한 역학조사 결과 [표 2-11]에 제시된 바와 같이 혈중 콜레스테롤 농도가 200mg/dℓ 이하이면 정상이고, 200~239mg/dℓ이면 경계선, 240mg/dℓ 이상이면 위험수준으로 분류하였다.

LDL-콜레스테롤은 간에서 다른 조직으로 콜레스테롤을 운반하는 역할을 하므로 LDL-콜레스테롤 함량이 높으면 관상동맥의 벽에 콜레스테롤이 축적될 위험이 높다. 반면 HDL-콜레스테롤은 조직의 콜레스테롤을 간으로 운반하여 대사함으로써 콜레스테롤을 체외로 내보내게 되므로 동맥경화를 예방하는 성분이다.

[표 2-11] **고콜레스테롤 혈증의 치료 지침**

수준	총콜레스테롤 (mg/dℓ)	LDL-콜레스테롤 (mg/dℓ)	HDL-콜레스테롤 (mg/dℓ)	치료 지침
적정선	≦ 200(170)	< 130(110)	> 40	주기적인 검사 필요
위험수준 경계선	200 ~ 239 (170 ~ 200)	130 ~ 159 (110 ~ 130)	35 ~ 40	위험인자가 있으므로 병력이 있으면 치료 필요
위험수준	≧ 240	> 160(130)	< 35	식이요법 및 약물 치료

* ( ) 안은 소아의 수치

(5) 심혈관질환과 고지혈증

동맥 내벽에 압력이 가해지면 혈액 내의 콜레스테롤, 인지질, 중성지질, 결합조직, 혈액 응고인자인 피브린(Fibrin) 등이 모여 플라크(plaque)라고 불리는 지질 덩어리가 생긴다. 이 플라크에 의하여 동맥 혈관 내강이 좁아져서 혈액의 흐름에 저항을 주고 혈압이 상승된다. 혈액 응고물이 심장 근처에 분포된 관상동맥이나 뇌로 가는 혈관을 막으면 심장마비나 뇌졸중을 유발한다. 한편, 혈관 내강이 좁아져서 혈액의 흐름이 감소되면 세포에 공급되는 산소와 영양소의 양도 줄어들기 때문에 치명적인 결과를 초래할 수 있다.

또한 혈중 지질의 농도가 높아도 심혈관질환의 발생빈도가 높다. 혈청 중성

지질의 농도가 고지혈증의 판정에 중요하며, 비만과 당뇨병환자의 경우, 일반적으로 혈청 중성지질의 농도가 높게 나타나므로 심혈관질환에 주의를 해야한다. 고지혈증을 개선하려면 식사요법과 생활 습관 교정을 병행하여야 한다. 특히 고지혈증은 당뇨병, 비만과 밀접하게 연관되어 있으므로 규칙적인 운동을 하여 체지방량을 감소시키고, 지방함량이 적은 음식을 섭취해야 한다.

(6) 지질의 산패에 의한 과산화지질 형성

지방산의 이중결합은 공기 중의 산소와 쉽게 결합하여 지방성분의 변화를 유도하는데 이러한 현상을 산패라고 한다. 지질이 산패하면 건강에 유해한 과산화물이 형성되는데, 불포화지방산을 많이 함유한 식물성 유지는 햇빛, 온도 등의 영향을 받아 산패되기 쉽다. 이러한 변성은 고온과 과도한 광선 노출에 의해 촉진된다. 그러므로 이러한 산패를 막기 위해서는 햇빛과의 접촉을 막고 식물성 유지를 서늘한 곳에 보관해야 한다. 지질이 다량 함유되어 있는 식품과 유제품들은 항산화제를 첨가하여 산패를 막고 있으며, 참기름이나 면실유 등은 항산화제인 비타민 E(α-Tocopherol)가 함유되어 있어 산패가 쉽게 일어나지 않는다.

한편, 과산화지질은 이중결합을 지닌 불포화지방산에서 생성되는데 이러한 과산화물은 혈관 벽의 세포막을 손상시켜서 동맥경화를 가져오며 세포의 노화를 촉진시킨다.

제 3 장

피부와 단백질

단백질(Protein)이라는 말은 '제1위를 차지한다.' 라는 뜻으로 그리스어 Proeuo에서 유래된 이름이다. 단백질은 동 · 식물 조직에 있는 모든 세포의 구조적, 기능적 특성을 위하여 필수적인 역할을 하고 있으며 모든 생물의 생명 유지를 위한 필수적인 영양소이다. 인간의 신체는 20%의 단백질을 함유하고 있으며 근육, 장기, 혈액, 머리카락, 손톱, 발톱, 효소, 호르몬, 면역체 등이 단백질로 이루어졌다. 단백질은 유기화합물로 탄소(C), 수소(H), 산소(O) 및 질소(N) 등의 원소로 구성되어 있다.

1. 아미노산의 종류

단백질은 체내로 들어와 소화, 흡수, 대사의 과정을 거치게 되면 아미노산(Amino acid)으로 최종 분해된다. 우리의 체내에서 이용되는 아미노산은 22종인데, 이 중 8종류는 체내에서 합성되지 않으므로 외부에서 식품으로 공급해야 하는 필수아미노산이며 이러한 필수아미노산의 함량에 따라 식품의 질이 평가된다.

- 메티오닌(Mehionine), 시스테인(Cysteine), 시스틴(Cystine)은 유황(S)을 함유하고 있다.
- 시스테인(Cysteine)은 두 개의 시스틴(Cystine)으로 만들어진다.
- 티로신(Tyrosine)은 페닐알라닌(Phenylalanine)으로부터 합성된다.

[표 2-12] **아미노산의 종류**

아미노산	
글루타민(Glutamine) 글루타민산(Glutamic acid)	시스틴(Cystine) 시스테인(Cysteine)
프롤린(Proline)	글리신(Glycine)
★류신(Leucine)	티로신(Tyrosine)
☆알기닌(Arginine)	★발린(Valine)
세린(Serine)	알라닌(Alanine)
아스파라진(Asparagine) 아스파라진산(Aspartic acid)	★페닐알라닌(Phenylalanine)
	★리신(Lysine)
★트레오닌(Threonine)	☆히스티딘(Histidine)
★메티오닌(Methionine)	★이소류신(Isoleucine)
★트립토판(Tryptophane)	

★ : 필수아미노산 ☆ : 유아기에만 필수아미노산

아미노산의 일반구조는 [그림 2-9]에서 보는 바와 같이 산성을 띠는 카르복실기(Carboxyl Group : COOH)와 알칼리성을 띠는 아미노기(Amino Group : NH_2)로 구성되어 있고 아미노산의 종류에 따라 R기는 달라진다.

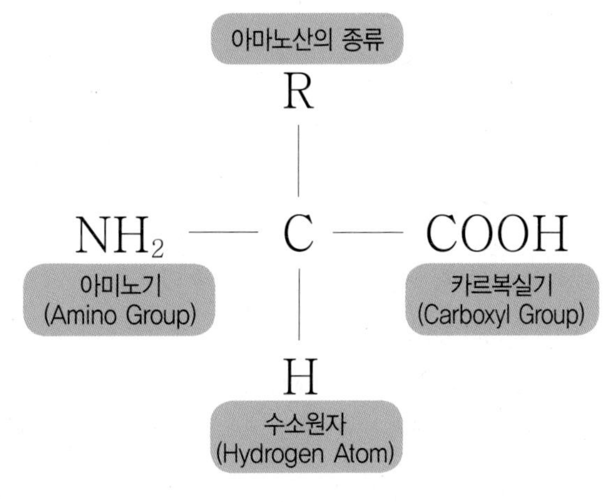

[그림 2-9] **아미노산의 구조**

2. 단백질의 기능과 평가

(1) 단백질의 체내 기능

적절한 단백질은 건강 유지의 기본이다. 우리 몸을 구성하는 영양소 중 물을 제외한 고형성분으로 가장 많은 양을 차지하는 단백질은 분해되어서 아미노산으로 흡수되고, 혈액에 의하여 각 조직으로 운반되는데 그 역할은 다음과 같다.

1) 뼈, 근육의 구성과 조직의 보수

세포 원형질의 주성분은 단백질이므로 신체 조직의 성장과 유지를 위해서 필수적이다. 단백질의 부족은 뇌와 근육의 형성, 혈액의 공급 등에 영향을 주며 성장 장애를 가져온다. 또한 체내 단백질은 성장이 완성된 후에도 재생과 보수를 위하여 매일 섭취해야 한다. 단백질은 심한 출혈, 화상, 외과적인 수술에 의해 손상된 부분의 조직을 재생시키는 역할을 한다.

2) 생명활동 조절과 항상성 유지

단백질은 각종 효소와 항체의 주요성분이다. 음식은 소화되는 동안 화학적인 분해가 일어나는데 이때 효소가 필요하며, 호르몬 중 티록신, 아드레날린, 티로신, 인슐린 등은 단백질이나 아미노산의 유도체이다. 또한 질병에 대하여 저항하는 면역체는 박테리아, 바이러스 및 다른 유해 미생물들로부터 신체를 보호하는 역할을 하는데 이러한 항체는 체내 단백질에 의해 만들어진다. 따라서 단백질이 부족하면 면역력이 낮아져서 전염병에 걸리기 쉽고 순환기 질환의 유발 가능성이 높다.

3) 혈장단백질의 형성

혈장단백질은 주로 알부민, 글로불린, 피브리노겐이며 대부분 간에서 만들어진다. 혈액 응고 단백질은 상처가 났을 때 출혈을 멈추는 작용을 한다.

4) 수분, 산 염기평형 유지 및 체내 대사과정의 조절

체내에서 수분평형과 무기질평형을 조절한다. 세포막 내에 있는 단백질은 세포에 특정한 전해질의 양을 조절한다. 전해질은 신경과 근육의 기능에 중요한 역할을 담당하며 체내 수분평형도 조절할 수 있다. 또한 단백질은 양성분자가 되기도 하고 음성분자가 되기도 하므로 주위의 환경변화에 완충 작용을 할 수 있고 산과 알칼리의 평형을 조절한다. 또한 혈중 분자량이 큰 알부민과 글로불린은 혈관 내 삼투압을 높게 유지하는데, 이때 삼투압 때문에 수분이 들어와서 부종이 일어나는 것을 방지할 수 있다.

5) 열량의 공급

단백질 1g은 4kcal의 열량을 공급한다. 하지만 인체는 단백질이 고유한 기능을 우선적으로 수행할 수 있도록 탄수화물과 지질을 먼저 에너지원으로 사용한다.

6) 피부의 노화예방

아미노산은 피부로 영양을 보급하는 효과와 세포를 재생시켜 주는 효능이 있다. 무엇보다도 피부 단백질의 변화와 생식세포의 재생에는 유황 함유 아미노산인 시스테인(Cysteine), 시스틴(Cystine), 메티오닌(Methionine)이 중요하다. 시스테인은 건성피부에 좋은 효과가 있고 메티오닌은 피지의 과잉 분비를 억제하여 지성피부를 정상화시켜 준다.

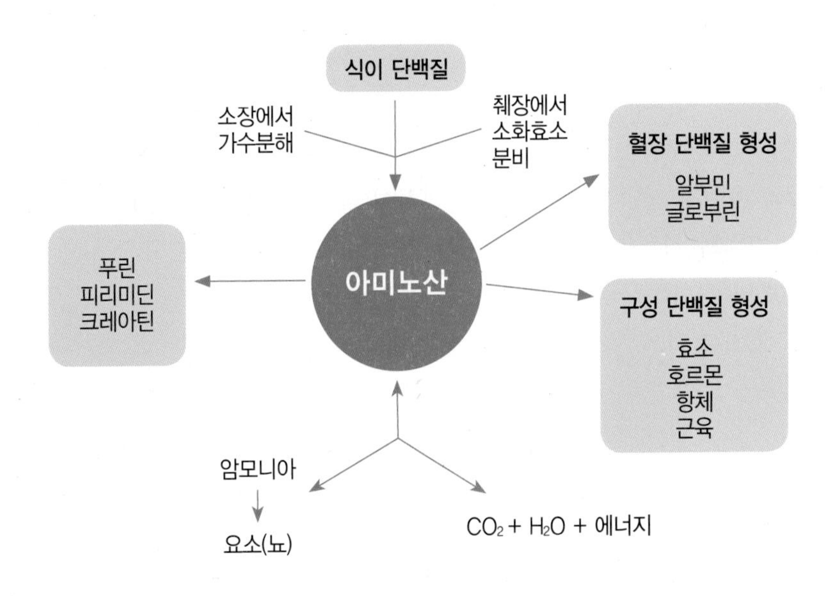

[그림 2-10] **단백질의 역할**

(2) 단백질의 질적인 평가

필수아미노산의 구성 및 종류는 단백질의 우수성에 영향을 미친다. 특히 인체가 요구하는 단백질의 필요량에 대한 필수아미노산의 부족은 건강상의 문제를 가져올 수 있는데, 가장 부족한 아미노산을 제1제한 아미노산이라 한다. 식품의 종류에 따라 다르지만 리신(Lysine), 트립토판(Tryptophan), 트레오닌(Threonine), 메티오닌(Methionine) 중 하나가 제한 아미노산이 되는 경우가 많다.

1) 완전 단백질과 불완전 단백질

단백질은 필수아미노산의 함량에 의하여 완전 단백질과 불완전 단백질로 분류된다. 대체로 동물성 단백질은 단백질의 함량이 많고 필수아미노산이 풍부한 양질의 완전 단백질로 생선, 달걀, 치즈, 우유 등이 이에 포함된다. 한편 식물성 단백질 중 대두와 같은 두류 단백질은 필수아미노산을 다량 함유하고 있는 우수한 단백질 식품이다. 젤라틴은 동물성 단백질이지만 생물가가 낮은 불완전 단백질에 속하며, 곡류는 부분적으로 불완전 단백질을 함유하고 채소에는 단백질의 함량이 매우 적게 들어 있다.

2) 질소의 평형

단백질은 구성 원소 중 질소를 함유하는데 단백질 1g당 약 16% 정도 함유하고 있다. 단백질 식품을 섭취하면 단백질이 에너지원으로 연소될 때 아미노기가 떨어져 나와서 대사된다. 생성되는 질소는 소변을 통하여 체외로 배설되기 때문에 단백질의 섭취량을 측정할 수 있다. 성장, 발육이 완성된 성인의 경우 소모된 조직은 다시 재생되기 때문에 전체 아미노산의 양적 변화는 거의 없다. 또한 성인은 단백질을 저장하지 않으므로 질소의 섭취량은 질소의 배설량과 같은데 이것을 질소의 평형(Nitrogen Equilibrium)이라고 한다.

질소의 평형은 세 가지로 구분할 수 있다.

- 질소의 평형 – N섭취 = N배설 : 조직의 유지와 재생
- 양의 질소 평형 – N섭취 > N배설 : 조직의 성장, 임신기, 성장기 아동, 청소년기
- 음의 질소 평형 – N섭취 < N배설 : 신체의 소모, 건강 불량, 기아

3) 좋은 단백질의 평가방법

같은 종류의 단백질이라 하더라도 [표 2-13]에 제시된 8종류의 필수아미노산이 고르게 함유되어 있는 단백질을 양질의 단백질이라고 한다.

[표 2-13] **식품 속에 함유되어 있는 필수아미노산과 그 값**

(가식부 100g당)

아미노산	달걀	쇠고기	쌀	콩(대두)
Isoleucine	774	882	278	1,213
Leucine	1,238	1,754	512	2,297
Lysine	1,006	2,012	225	1,992
Phenylalanine	742	877	315	1,450
Threonine	649	939	251	1,293
Tryptophan	125	568	81	392
Valine	938	918	276	1,085
Methionine	505	609	141	314

① 단백가(Protein Score : PS)

실험단백질의 아미노산 함량을 분석하여 나온 제1제한 아미노산을 표준구성 단백질과 비교한 값으로 아미노산가라고도 부른다.

$$\text{단백가(\%)} = \frac{\text{식품 속의 가장 부족한 아미노산 양}}{\text{표준구성의 아미노산 양}} \times 100$$

달걀과 같이 필수아미노산의 함량이 높은 것은 단백가가 100이며, 쇠고기의 제1제한 아미노산은 트립토판으로 단백가는 81, 우유의 제1제한 아미노산은 유황을 함유하는 아미노산으로 딘백가는 79이다. 일반적으로 동물성 단백질의 단백가가 식물성 단백질보다 높다.

한편 식품 자체의 단백가는 낮더라도 제1제한 아미노산을 첨가할 경우 단백가는 높아진다. 따라서 피부영양을 위한 완전식을 하기 위해서는 잘 어울릴 수 있는 식품들로 식단을 마련해야 한다. 예를 들어 식물성 단백질은 동물성 단백질에 비하여 영양가는 낮지만 서로 혼합하여 섭취하면 부족한 아미노산이 상호 보충된다. 이런 현상을 아미노산의 보충효과(Protein Supplementary Effect)라고 한다.

[Q13] 쌀과 콩은 궁합이 맞을까?

A. 쌀은 제1제한 아미노산이 리신(Lysine)인데 콩은 리신이 많이 함유되어 있어 이를 보충해 주면 쌀의 단백가가 72에서 100으로 되므로 쌀과 콩은 영양이 상호 보완되는 최고의 궁합이다. 콩밥은 최근 비만 예방을 위한 가장 바람직한 주식으로 권장되고 있다.

② 단백질 효율비(Protein Efficiency Ratio : PER)

단백질의 영양가를 판단하는 방법으로 가장 간단하여 많이 사용된다.

$$\text{PER} = \frac{\text{증가한 체중의 양(g)}}{\text{섭취한 단백질의 양(g)}}$$

③ 생물가(Biological Value : BV)

체내에서 단백질의 이용률을 나타내며 흡수된 질소가 체내에 보유되어 있는 비율을 %로 나타낸 것이다.

$$\text{BV} = \frac{\text{체내에 보유된 질소의 양}}{\text{체내에 흡수된 질소의 양}} \times 100$$

식품의 생물가는 일반적으로 BV가 70 이상이면 질이 좋은 단백질이라고 한다.

[표 2-14] **평가 방법에 따른 단백질 비교**

단백질 급원 식품	단백가	PER	NPU	BV
달걀	100	3.92	94	94
육류 · 어류 · 가금류	81	2.30~3.55	74~76	57~80
우유	79	3.09	85	82
밀가루	44	0.6~1.53	52~65	40
대두	73	2.32	71	61

④ 단백질의 체내유용률(Net Protein Utilization : NPU)

섭취한 모든 열량소 중에서 섭취한 질소가 체내에 보유된 비율을 %로 나타낸 것이다.

$$\text{소화흡수율(\%)} = \frac{\text{흡수 성분량}}{\text{섭취된 식품 중의 성분량}} \times 100$$

$$= \frac{\text{섭취된 식품 중의 성분} - \text{분변으로 배설된 성분량}}{\text{섭취된 식품 중의 성분량}} \times 100$$

3. 단백질의 급원 식품

단백질의 영양가는 구성하고 있는 아미노산, 특히 필수아미노산에 따라 큰 차이가 있다. 쇠고기, 돼지고기, 생선, 달걀, 치즈 등은 단백질의 중요한 급원 식품이지만 이들은 산성식품이다. 산성식품만을 섭취하면 비만 및 성인병에 걸릴 확률이 높으므로 건강을 위하여 알칼리성 식품인 채소와 과일을 함께 섭취할 것을 권장한다. 필

수아미노산의 필요량으로 볼 때 동물성 단백질은 전체 단백질의 60% 이상의 비율로 섭취하는 것이 좋다.

식물성 식품 중에서 대두는 단백질의 함량이 매우 높아 '밭에서 나는 쇠고기' 라고도 한다. 대두는 피부세포를 재생시키고 아름다운 피부를 만드는 데 필수적인 식품이다. 단, 대두는 익히지 않으면 소화되기 힘들기 때문에 가열 처리하여 섭취하는 것이 좋다. 대두 가공식품에는 두부, 유부, 된장, 간장 등이 있다. 또한 대두는 쌀에 부족한 단백질을 상호 보완 하므로 콩밥을 먹는 것이 좋다.

단백질 급원 식품은 식물성 단백질과 동물성 단백질로 분류된다.

① **식물성 단백질 :** 곡류 단백질, 두류 단백질
검정콩, 완두콩, 강낭콩, 두부, 두유

② **동물성 단백질 :** 육류 단백질, 달걀 단백질, 우유 단백질
쇠고기, 돼지고기, 닭고기, 달걀, 우유, 치즈

[표 2-15] **일상식품 100g 중의 단백질 함량과 열량**

단백질 급원 식품	단백질 함량(g)	단백가	열량(kcal)
동물성 단백질			
달걀	12.9	100	138
쇠고기	18.5	81	263
우유	3.2	79	60
식물성 단백질			
두부	6.3	62	84
대두	35.2	73	382

[Q14] 우유와 생선의 단백질, 지방 함량은?

A. 우유에는 단백질과 지방이 각각 약 3.0% 함유되어 있어 단백질과 지방이 공존한다. 우유의 지방 함량을 줄이기 위하여 저지방 우유나 무지방 우유를 선택하여 섭취해도 좋다.
생선도 단백질과 지방을 함유하고 있으나 생선의 지방 함량은 종류에 따라 차이가 있다. 붉은살 생선이 흰살 생선보다 지방 함량이 높으며, 지방량이 많을수록 부드럽고 맛이 좋다고 평가된다.

4. 단백질의 특별함, 피부에 영향을 주는 호르몬의 성분

호르몬은 내분비선에서 생성되어 대사나 활동을 촉진시키는 기능이 있다. 피부와 관련이 깊은 호르몬은 에스트로겐, 성장호르몬, 부신피질호르몬, 갑상선호르몬 등이 있다.

① 여성호르몬인 에스트로겐

에스트로겐은 부드러운 머릿결을 유지하게 해 주며 모공을 축소시키고 피부결을 부드럽게 만들어 주는 기능을 한다. 피지 분비량이 많으면 모공이 넓어지고, 배출되지 못한 피지가 쌓여서 피부는 유분이 많아지고 거칠어진다. 이러한 피지 분비량은 여성의 생리주기와 관계가 깊다. 피지량은 황체호르몬의 분비가 증가되면서 생리 후 점차 증가한다. 따라서 각자의 생리주기에 따라 피부를 주의 깊게 관찰한 후 이에 알맞은 영양관리를 해야 한다.

② 성장호르몬

단백질 보존으로 근육의 동화작용을 촉진하며 지방분해 작용이 있어 비만 예

몸짱의 비결인 단백질

근육질의 멋진 몸매, 날씬한 키, 윤기 나는 머릿결 등 건강한 남녀의 비결은 단백질의 섭취에 있다. 같은 체중의 사람이라도 비곗살이라고 하는 체지방보다 단백질로 구성된 근육이 멋진 몸짱의 비결이기 때문이다.

- 건강하고 윤기 나는 모발, 건강한 손톱과 젊고 탄력 있는 피부를 가꾸려면 단백질을 충분히 섭취해야 한다.
- 단백질이 부족하면 성장 장애가 일어나서 키가 충분히 크지 않는다. 칼슘과 단백질이 풍부하게 함유된 식품을 섭취하는 것이 좋다.
- 단백질은 외부의 유해물질에 저항하는 면역체의 구성분이므로 단백질을 섭취하면 질병에 걸리지 않고 건강하게 지낼 수 있다.
- 단백질이 부족하면 윤기와 탄력이 없는 피부로 변하게 된다. 단백질은 수분평형에 중요한 성분으로 몸의 부종을 해결하여 탄탄하고 멋진 몸을 만든다.

방에 관여한다. 또한 젊고 탄력 있는 피부를 유지시켜 노화 방지에 도움이 된다. 성장호르몬은 피부혈관의 수축과 이완을 원활하게 조절하여 주는 기능이 있어 피부의 휴식과 영양 공급에 관여하기도 한다. 또한 밤 11시~새벽 1시 사이에 성장호르몬의 분비량이 증가되므로 숙면을 취하는 것이 피부에 좋다고 할 수 있다.

③ 부신피질호르몬

염증을 억제하는 작용이 있으며 외부의 오염물, 스트레스로부터 신체를 보호하고 건강을 유지시켜 주는 호르몬으로서 피부 전체의 건강을 좌우하게 된다. 부신피질호르몬이 결핍될 경우 에디슨(Addison)병을 일으켜 저혈당, 저혈압, 저나트륨 현상이 나타나며 과잉 분비 시에는 쿠싱(Cushing)병을 일으켜 고혈압, 당뇨병, 비만 등이 유발된다.

④ 갑상선호르몬

신진대사 조절호르몬으로 피부에 탄력을 주며 피부를 부드럽게 하는 작용이 있다. 갑상선호르몬이 부족하면 피부가 거칠어지고 두꺼워지는 현상이 나타나며 주름이 증가한다. 또한 탈모가 심해지고 손톱과 발톱의 발육이 좋지 않다.

5. 단백질과 건강 문제

(1) 단백질의 결핍현상

단백질이 부족하면 피부에 탄력이 없어지고 근육기능이 저하된다. 또한 빈혈현상이 자주 나타나고 면역성이 낮아져 다른 전염성 질환도 발생하게 된다. 한편 단백질의 섭취량이 부족하면 체중이 감소되고 발육 부진이 나타나는데, 이러한 현상이 악화되면 혈액 단백질의 농도가 저하되고 부종이 나타나게 된다. 어린이의 경우 열량 식품을 충분히 섭취하였어도 단백질이 결핍되면 성장이 멈추고 부종이 눈 주위에서 시작된다. 또한 발진이 생기며 머리카락이 퇴색하게 된다.

미개발국가, 개발도상국의 경우 장기간의 단백질 부족인 카시오카(Kwashiorkor)라는 질병이 문제가 되고 있다. 이 병은 성인의 경우 결핵, 흡수불량증, 간질환 같은 질환의 2차 증상으로 단백질-열량 영양불량이 나타난다.

(2) 단백질의 과잉현상

단백질을 과잉섭취하면 요소의 배설을 위해 신장에 과중한 부담을 주게 된다. 아미노산이 대사되면서 발생하는 암모니아는 독성이 아주 강한 물질로 간에서 대사 사이클을 통해서 요소($NH_2-CO-NH_2$)로 해독된다. 요소는 신속히 신장을 통해 배출되기 위해서 다량의 수분을 필요로 한다. 그러므로 고단백질을 섭취하는 사람이 수분을 많이 섭취하지 않으면 피부에서 수분 부족 증상이 나타나기 쉽다. 한편 소변량이 증가하면 체외로 칼슘의 유출을 유도한다. 단백질의 필요량은 성별, 연령, 생리적 상태(임신, 수유 등)에 의하여 각기 다르다.

단백질 권장량은 [표 2-16]에 제시된 바와 같으며 총 단백질의 1/3은 양질의 단백질(동물성 단백질, 두류 단백질)에서 섭취해야 한다.

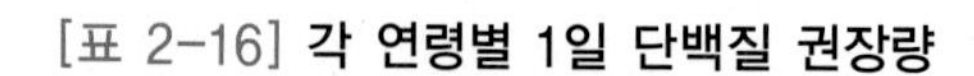

[표 2-16] 각 연령별 1일 단백질 권장량

구 분	연령(세)		체중(kg)	신장(cm)	단백질 권장량(g/일)
영 아	0~5개월		6.2	60.3	
	6~11개월		8.9	72.2	15.0
소 아	1~2		12.5	86.4	15.0
	3~5		17.4	105.4	20.0
남 자	6~8		26.5	126.4	30.0
	9~11		38.2	142.9	40.0
	12~14		52.9	163.5	55.0
	15~18		63.1	173.3	65.0
	19~29		68.7	174.8	65.0
	30~49		66.6	172.0	60.0
	50~64		63.8	168.4	60.0
	65~74		61.2	164.9	55.0
	75 이상		60.0	163.3	55.0
여 자	6~8		25.0	125.0	25.0
	9~11		35.7	142.9	40.0
	12~14		48.5	163.5	50.0
	15~18		53.1	173.3	50.0
	19~29		56.1	174.8	55.0
	30~49		54.4	172.0	50.0
	50~64		51.9	168.4	50.0
	65~74		49.7	164.9	45.0
	75 이상		46.5	163.3	45.0
	임신부	1분기			+0
		2분기			+15
		3분기			+30
	수 유 부				+25

피부와 비타민

비타민은 적은 양으로 물질대사나 생리기능을 조절하는 미량 영양소이다. 대부분의 비타민은 체내에서 합성되지 않고 식품을 통하여 섭취해야 하므로 균형 있는 식사가 중요하다. 비타민은 체내 생화학반응의 조효소로 작용하며 생리작용의 조절과 성장 유지에 도움을 준다. 몸속의 비타민이 부족하면 각각 신체에 결핍 증세를 나타내며, 탄수화물, 지질, 단백질 등의 영양소 대사과정에 중요한 역할을 한다.

비타민은 지용성 비타민과 수용성 비타민으로 분류되며 그 특성은 [표 2-17]에 제시한 바와 같다.

[표 2-17] **지용성 비타민과 수용성 비타민의 특성**

지용성 비타민	수용성 비타민
• 기름과 유지용매에 용해 • 체내에 저장됨 • 잘 방출되지 않음 • 결핍증세가 서서히 나타남 • 매일 공급할 필요 없음 • 전구체 존재 • 탄소, 산소, 수소로 구성	• 물에 용해 • 체내에 저장되지 않고 방출 • 소변으로 쉽게 방출 • 결핍증세가 쉽게 나타남 • 매일 공급이 요구됨 • 전구체가 존재하지 않음 • 탄소, 수소, 산소 이외에 질소, 황 등을 함유

1. 지용성 비타민

(1) 비타민 A(Vitamin A)

체내에서 활동하는 비타민 A에는 레티놀(Retinol), 레티날(Retinal), 레티노익산(Retinoic acid)의 세 종류가 있는데, 서로 전환되는 형태로 레티노이드라고 한다. 레티놀은 산소에 의해 산화되는데, 장내에 비타민 E와 비타민 C 등의 항산화제가 존재하면 레티놀의 산화를 방지하여 비타민 A의 손실을 막는다. 자연에 존재하는 카로티노이드는 여러 종류가 있으나 그 중 β-카로틴이 체내에서 가장 효율적으로 레티놀로 전환된다. β-카로틴은 동물의 체내에서 레티놀로 전환되는데 활성이 가장 높아서 비타민 A의 전구체(Provitamin A)라고 한다.

비타민의 역사

- 1881년, 순수한 단백질, 당질, 지질, 무기질과 물만으로 배합한 사료는 동물의 생명을 유지할 수 없고, 우유와 같은 식품을 보충하면 정상적인 성장과 건강 회복이 가능하다고 루닌(Lunin)이 보고하였는데, 그것이 비타민 발견의 계기였다.
- 히포크라테스 시대의 사람들은 특정 식품이 특수한 질병에 효과가 있다고 하여 밤에 눈이 어두운 사람은 간을 섭취하라고 하였다. 또한 감귤이나 신선한 채소는 항해하는 선원에게 필수적 식품이라고 알고 있었다.
- 1905년 네덜란드의 과학자인 페켈하링(Pekelharing)은 우유에는 '미지의 물질'이 존재하며, 이는 소량으로도 생명현상과 건강을 유지하는 데 중요한 물질이라고 하였다.
- 영국의 과학자 홉킨스(Hopkins)는 순수한 단백질, 당질, 지질, 무기질을 배합한 사료에 우유를 보충하였을 때는 건강을 회복할 수 있지만, 우유나 채소의 회분만을 보충하면 효과가 없다고 밝혔다. 이 미지의 물질을 액세서리 같은 식품 성분이라고 하였고 이러한 연구의 공로를 인정받아 홉킨스는 1929년 생리학 부분에서 노벨상을 받았다.
- 영국의 풍크(Funk)는 각기병을 방지하는 항각기성 물질을 쌀겨에서 분리하는 데 성공하였다. 이 물질을 Vita(생명력이라는 의미)와 Amine(NH_2)의 두 말을 결합하여 생명력 있는 Amine이라는 뜻으로 비타민(Vitamin)이라고 명명하였다.

- 기능

비타민 A는 피부 상피 조직의 신진 대사에 깊이 관여한다. 건성피부의 경우 표피에 심한 각질이 생기거나 주름이 형성될 수 있는데 비타민 A는 각화를 정상화시켜 피부의 재생을 돕고 노화방지에도 큰 효과가 있다. 한편 피지선과 한선의 기능을 조절하여 윤활유의 역할을 한다. 또한 세포의 저항력을 증진시켜 화농성 여드름의 유발을 방지하고 색소침착성 피부의 재생을 돕는다. 피하조직의 유지 및 뼈와 치아의 성장에 관여하며 점막의 손상을 방지한다.

- 부족 시

① 각질이 두껍게 되며 피부가 건조해지고 푸석해진다.
② 시각 기능이 떨어지며 야맹증이 유발된다.
③ 쉽게 세균 감염이 되며 탈모의 원인이 되기도 한다.
④ 색점이나 기미 등 피부질환이 생길 수도 있다.

- 급원 식품

① 동물성 식품과 녹황색 채소에 함유되어 있다.
② 생선, 간유, 동물의 간, 버터, 난황, 전유, 치즈, 시금치, 당근, 고구마, 토마토, 쑥갓, 감, 귤 등이다.
③ 비타민 A의 과잉 섭취는 탈모증, 관절통, 소양증을 유발시킨다.
④ 1일 권장섭취량은 650μgRE이다.

β-카로틴과 암

예전의 역학조사에서는 카로틴 섭취량만 암 발생과 역의 관계가 성립되는 것으로 알려졌으나, 현재는 카로티노이드와 식이섬유, 파이토케미컬(Phytochemical) 항산화물질 등의 다양한 요인이 암 예방 등에 영향을 준다고 알려져 있다. 카로티노이드는 항산화작용에 효과를 보이는데, 과일과 야채를 섭취했을 때 카로티노이드는 파이토케미컬 성분과 함께 항산화 작용의 최대 효과를 보인다. 따라서 녹황색 채소를 통하여 비타민 A를 섭취하며 다양한 야채와 과일을 섭취하는 것이 산화와 노화로 인한 질병과 암의 예방에 도움이 될 수 있다.

(2) 비타민 D(Calciferol)

체내의 칼슘대사를 조절하는 비타민 D는 일광에 충분히 노출되면 피부에서 생합성된다. 그러나 자체적인 합성이 충분하지 못할 때는 신체의 요구량만큼 식품을 통해 섭취해야 한다.

또한 비타민 D는 태내에서 모체로부터 태아에게 전달될 수 있고, 출생 후에는 젖을 통하여 유아에게로 전달되므로 어머니가 비타민 D를 많이 섭취하면 영아의 구루병을 예방할 수가 있다.

비타민 D의 체내기능을 보면 칼슘과 인의 장내 흡수를 촉진시켜 골격과 뼈를 견고하게 하여 골격의 정상적인 석회화를 돕는다. 그 외에도 여성의 생식과 피부의 성장에 필요한 발달에 필요한 호르몬 역할을 한다.

- 기능

피부에서 합성된 프로비타민 D는 자외선을 받으면 비타민 D로 활성화되어 칼슘이나 인의 대사에 관여하므로 뼈와 치아 구성에 큰 영향을 미친다. 비타민 D는 피부의 습진과 각화증의 관리 시에도 뛰어난 효능을 갖고 있다.

- 부족 시

① 골격과 치아가 약화되고 성인의 경우 골연화증이 나타난다.
② 골소실률을 증가시켜 골다공증을 유발한다.
③ 피부의 건조증상을 보인다.

골다공증과 골감소증

중년기 이후에 나타나는 골질량의 감소는 남녀 모두에게 나타나지만 골다공증은 특히 폐경 이후의 여성에게 대부분 발생된다. 폐경 이후 여성호르몬인 에스트로겐의 분비가 급속도로 떨어지면서 활성형 비타민 D가 생성되지 않아 칼슘의 흡수율이 낮아지기 때문이다. 혈청 칼슘 농도가 감소하면 부갑상선 호르몬의 분비가 증가되고 뼈에서 칼슘을 배출시키므로 골다공증이 생긴다. 따라서 골다공증을 치료하기 위하여 비타민 D가 함유된 칼슘제를 보충하여야 한다. 골밀도 검사 시 −1~−2.5까지의 수치로 진단되는 골감소증은 골다공증의 전단계로서 예방이 필요한 수위이다. 발목이나 골반, 갈비뼈 등의 이상질환이 쉽게 발생할 수 있으나 적절한 식사와 함께 칼슘 및 비타민 D를 보충하면 골감소증은 회복될 수 있다.

- 급원 식품

① 간유와 소간, 달걀노른자, 우유 등에 많이 함유되어 있다.

② 버섯에는 D_2의 프로비타민 D가 들어 있으며 성인은 자외선에 의하여 비타민 D를 피부에서 합성한다.

(3) 비타민 E(Tocopherol)

식품에 함유된 비타민 E에는 각각 다른 생물학적 활성을 갖는 8개의 천연화합물이 있는데, 이 중 α-토코페롤의 활성이 가장 크다. 세포 내 지질과 산화되기 쉬운 다른 물질들을 보호하고 세포막이 파괴되지 않도록 한다. 특히, 불포화지방산의 산화를 방지하여 준다. 이 외에도 비타민 E는 적혈구, 백혈구를 동시에 보호함으로써 체내의 면역체계에도 관여하는 것으로 밝혀졌다.

- 기능

① 항산화 : 체내에서 산화를 방지하는 항산화제로서 작용하는 비타민 E는 자기 자신이 산화됨으로써 다른 물질의 산화를 방지한다.

② 빈혈 방지 및 상처 치유 : 비타민 E는 적혈구 세포막을 보호한다. 피부의 상처를 치유하는 효능을 지니고 있으며 피부의 영양 상태를 좋게 한다.

③ 노화 방지와 조직 재생 : 세포의 에너지를 증가시키기 때문에 피부의 탄력과 주름 예방에 필요하다. 비타민 E는 피부의 섬유세포를 증식시키므로 노화 방지에 필요한 성분이다.

④ 호르몬의 생성, 임신 등 생식기능과 밀접한 관계가 있다.

[Q15] 비타민 E와 셀레늄(Se)과의 관계는?

A. 동물실험에 의하면 '미량 무기질인 셀레늄이 비타민 E의 기능을 대신한다'는 보고가 있다. 비타민 E가 결핍되었을 때 셀레늄을 투여하면 셀레늄은 비타민 E와 유사한 작용을 한다. 비타민 E는 생체막의 산화를 막아 주는 주요한 성분이지만, 비타민 E가 적절하게 존재하는 때에도 생체 세포내에서는 약간의 과산화물이 형성된다.
셀레늄은 비타민 E처럼 세포에서 생성된 과산화물을 파괴시켜 과산화물에 의한 세포막의 손상을 막는다. 따라서 생체막을 보호하는 역할에서 비타민 E와 셀레늄은 보완적이라고 할 수 있다.
즉, 신체의 항산화 기능에서 비타민 E와 셀레늄(Se)은 상호 보완적 역할을 한다.

- 부족 시

① 근육위축증이 일어나며 심하면 각 조직의 산소소모량이 늘어나서 체내의 산화반응이 유발된다.

② 적혈구의 세포막이 산화되어 세포막 파괴로 용혈성빈혈이 발생한다.

③ 노화와 피부의 건조증을 촉진한다.

④ 태아가 유산될 수 있고 생식기능 장애를 보인다.

- 급원 식품

① 곡물의 배아, 푸른 잎 야채, 아몬드 등 견과류, 달걀노른자 등이다.

② 성인의 1일 권장량은 10mg이다.

(4) 비타민 K(Vitamin K)

비타민 K는 혈액응고에 필수적인 비타민이다. 1929년, 덴마크의 과학자 헨릭 담(Henrik Dam)은 내출혈이 생긴 닭에게 곡류와 자연음식을 먹임으로써 그 증세를 치료하였고, 항출혈성 인자가 음식의 지용성 비타민의 일부에 존재한다는 것을 알아냈다. 그는 덴마크어의 '응고인자(Koagulation Factor)'라는 말을 응용해 비타민 K라 불렀다.

비타민 K는 칼슘과 결합하는 단백질인 오스테오칼신(Osteocalcin)을 합성하는 데 관여하여 뼈와 단백질을 합성하도록 돕는다. 만일 비타민 K가 없으면 칼슘과 결합할 수 없어 뼈를 견고하게 만들지 못하고 비정상적인 단백질을 생성한다. 비타민 K는 칼슘이 소변으로 배설되는 것을 막아 골다공증의 예방에 관여하는 것으로 알려져 있다.

- 기능

간에서 혈액응고 인자의 합성에 관여하므로 간의 건강한 상태와 관련이 있다. 간이 건강하지 못하면 혈액응고 인자가 활성화되지 못하므로 비타민 K의 작용도 저하된다. 뼈의 정상적인 석회화에도 관여하며 파이토케미컬 성분(비타민 P)과 함께 모세혈관의 벽을 튼튼하게 해 주고 피부염과 습진에 좋은 효과를 보인다.

- 부족 시

① 지혈 장애를 보인다.

② 뼈의 약화현상이 나타난다.

③ 항생제를 장기간 투여하지 않는다면 성인에게 부족증은 거의 나타나지 않는다.

– 급원 식품

푸른 야채, 시금치, 케일, 콩, 토마토, 치즈, 난황, 간 등에 많이 함유되어 있고 장내 세균에 의해서 합성된다.

[표 2-18] **지용성 비타민의 기능과 급원 식품**

지용성 비타민	주요기능	결핍증	과잉증	급원 식품
비타민 A	시력 유지, 피부의 건조 방지, 상피세포 유지	야맹증, 안구 건조증, 상피세포 파괴, 과도한 색소침착	구토, 현기증	간, 당근, 우유, 시금치, 생선, 쑥, 난황, 당근 등
비타민 D	칼슘과 인 흡수, 골격대사, 세포 재생	골격구조 변형, 피부건조증, 구루병, 건선, 골연화증	신장결석, 골격 석회화	버섯, 달걀, 정어리, 연어, 버터 등
비타민 E	항산화제, 불포화 지방산 산화 방지, 세포 재생	지루성 · 여드름성 피부, 신경파괴, 적혈구의 용혈	백혈구의 기능 손상, 피로	견과류, 달걀, 다랑어, 연어, 바나나
비타민 K	세포신진대사 산화 · 환원반응, 혈액응고, 골다공증 발생 예방	모세혈관 확장증, 세포벽 약화, 지혈의 지연	빈혈, 황달	간, 녹색채소, 브로콜리, 콩류, 양배추

2. 수용성 비타민

수용성 비타민은 체내의 당질, 지질, 단백질 대사에 관여하는 보조 효소(Coenzyme)의 구성 성분으로 대사를 조절하는 윤활유 역할을 한다. 수용성 비타민의 요구량은 식사를 통해 섭취되어야 하며, 수용성이기 때문에 과량을 섭취해도 체외로 배설된다.

(1) 비타민 B_1(Thiamine)

비타민 B_1은 체내 탄수화물 대사과정에 관여하는 여러 효소들의 보조효소로서 당질대사를 촉진시킨다. 또한 신경세포막의 성분으로 신경자극의 전달을 조절하여 신경의 작용에도 도움을 준다. 티아민의 결핍증으로 각기병이 발생하면 신경에 장애가 생긴다. 그 외 티아민이 결핍되면 수분이 축적되어 체내 조직이 부어오르는 부종이 발생하며, 정서적으로도 불안정하여 신경질적이 된다. 또한 감정기복이 심해지며 우울증에 빠지기도 하는 등의 증상이 나타난다.

- 기능

① 티올(Thiol)형 B_1은 마늘의 매운맛 성분인 알리신(Allicin)과 결합하면 알리티아민(Allithiamine)으로 변화되어 비타민 B_1의 기능을 지속적으로 활성화시켜 대사 촉진을 유도한다.

② 비타민 B_1은 항신경성 비타민으로 불리며 신경을 정상으로 유지시키는 역할을 한다.

③ 민감성피부에 저항력을 길러 주며 입술 등의 점막 피부에 난 상처를 치유하는 데 효과가 크다. 지루성 여드름과 알레르기 피부를 개선시키며 피부가 건조하여 갈라지는 것을 예방해 준다.

- 부족 시

① 권태감, 피로감, 식욕부진, 소화불량, 변비, 불면증이 유발된다.

② 심하면 각기병을 유발한다.

[Q16] 주식이 쌀인 우리나라 사람들에게 마늘과 돼지고기는?

A. 주식이 쌀이기 때문에 탄수화물의 섭취량이 매우 높은 우리나라 사람들에게 비타민 B_1은 필수적인 영양소이다. 탄수화물이 에너지로 대사되는 과정에서 비타민 B_1은 필수적인 보조인자이기 때문이다. 돼지고기에는 비타민 B_1이 쇠고기보다 8배 함유되어 있다. 체내에서의 작용시간이 짧은 것을 보완하기 위하여 마늘을 함께 먹게 되면 비타민 B_1을 활성화시켜 효과적으로 기능을 한다. 마늘의 알리신(Allicin)은 알리티아민(Allithiamine)으로 변화되면 비타민 B_1의 기능이 활성화된다. 최근 마늘주사라는 주사제가 연예인과 운동선수에게 인기가 높은 것도 이런 근거 때문이다. 따라서 쌀밥과 돼지고기, 마늘은 최고의 궁합이 될 수 있다.

③ 피부에 광택이 없으며 홍반 증상을 보이며 피부의 윤기가 없어지고 과민해진다.

- 급원 식품

① 밀의 배아, 호두, 돼지고기, 홍합, 굴, 버섯, 참깨 등에 함유되어 있다.
② 성인 1일 권장량은 1.1~1.2㎎이다.
③ 가공식품, 백미 등의 정제식품에는 비타민 B_1이 거의 없다.

(2) 비타민 B_2(Riboflavin)

- 기능

항피부염성 비타민으로 불리는 비타민 B_2는 피부의 보습을 증대시키며 탄력감을 부여한다. 피부 내에 쉽게 흡수되어 모세혈관을 강화시키고 혈액 순환을 촉진시킨다. 또한 피부나 입술을 촉촉하게 하며 여드름 진정 작용 및 습진, 머리 비듬, 구강의 질병 치료에 관여한다.

- 부족 시

① 자외선에 예민한 반응을 일으키며 가려움증을 유발한다.
② 세균에 감염되기 쉬우며 입주위에 가려움증과 습진, 심하면 구각염이 나타난다.
③ 코, 입술 주위 및 눈꺼풀에 지루증과 흡사한 홍반 현상을 보인다.

- 급원 식품

① 살코기, 간, 배아, 효모, 우유, 고등어, 참치, 버섯 등이다.
② 성인 1일 권장량은 1.2~1.5㎎이다.

(3) 비타민 B_6(Pyridoxine)

피부염증을 방지하여 항피부염 비타민이라고도 불리며 피지선의 기능 조절로 피지분비 억제작용을 한다. 비타민 B_6가 결핍되면 여드름 피부가 되고 지루성 피부염과 작열감을 동반한 피부염이 발생된다.

- 기능

헤모글로빈의 생성 시에 중요한 비타민으로

서 생체 내 단백질 대사에 작용하여 피부의 색에 관여한다. 비타민 B_6는 피부관리의 영역에서 여드름성 피부, 건성 및 지루성 피부염을 예방하는 항피부염 비타민이다. 또한 모세혈관의 순환으로 노화 방지, 뇌, 신경근육 기능을 정상화시키며 위축된 피부와 모세혈관이 확장된 피부에 진정 효과가 있다.

- 부족 시

① 피부염, 구내염, 피부의 가려움증이 나타난다.

② 결핍증세가 심해지면 어지럽고, 구토, 체중감소 현상을 보이며 신경장애와 근육통을 유발한다.

③ 고단백 식이를 할 경우 비타민 B_6의 요구량이 증가되므로 결핍증을 막기 위하여 비타민 B_6의 섭취량을 증가시켜야 한다.

- 급원 식품

통밀, 쇠간, 고구마, 밤, 연어, 효모, 바나나 등이다.

(4) 비타민 B_{12}(Cobalamine)

사람, 동물은 모두 비타민 B_{12}를 체내에서 합성하지 못한다. 악성빈혈증의 원인이 비타민 B_{12}의 결핍에 의한 것이므로 비타민 B_{12}를 '항악성빈혈 비타민' 이라 부른다. 체내 기능을 보면 비타민 B_{12}는 DNA합성에 관여하여 세포와 조직의 형성, 세포 재생의 과정을 촉진시킨다. 또한 적혈구를 생성하여 조혈작용에 관여하며, 중추신경계의 정상적인 유지를 돕는다.

- 기능

비타민 B_{12}는 빈혈을 방지하고 신경계에 관여한다. 또한 피부의 세포 재생에 관여하며 지루성 피부병의 예방에 필수적이다. 간에서 지방대사를 원활하게 하고 피로물질이 체내에 축적되지 않도록 한다. 또한 새로운 피부의 생성을 도우므로 아름다운 피부를 만들어 준다.

- 부족 시

악성빈혈, 피로, 허약, 피부병, 말초신경 및 중추신경계의 이상을 가져온다.

- 급원 식품

조개, 쇠간, 효모, 고등어, 해조류 등이다.

(5) 비타민 C(Ascorbic acid)

비타민 C는 불안정하여 산소, 열, 빛 등에 쉽게 파괴되고, 알칼리성 용액에서 쉽게 산화되는 특징을 가지고 있다. 콜라겐과 히알루론산의 형성에 관여하고, 피부 보호막의 저항능력을 강하게 하며 피부 미백에 관여한다. 특히 비타민 C는 노화 및 모든 질병에 관여하는 활성산소로부터 신체를 보호해 주는 항산화제로서의 중요한 역할을 한다.

또한 비타민 C는 아미노산의 대사를 돕는데 이 아미노산들은 노르에피네프린(Norepinephrine)과 티록신(Thyroxin)을 합성하는 데 사용된다. 또한 비타민 C를 많이 섭취하면 감기, 암 등의 예방 및 치료에 효과가 있다고 알려져 있다.

- 기능

① 비타민 C는 미백을 위한 미용 비타민이다. 과도한 멜라닌 색소의 증식을 억제하여 피부의 과색소 침착을 방지하므로 기미나 주근깨 예방에 좋다.
② 피부 저항력을 강화시키므로 건강한 피부가 된다. 모세혈관의 벽을 강화시켜 출혈을 방지하고 콜라겐 합성으로 진피의 세포 재생을 돕는다.
③ 활성산소를 제거하여 피부의 노화를 예방한다.
④ 비타민 C는 혈색을 좋게 하며, 피부 미백과 윤기에 필요한 성분이다. 피부를 위해서는 1일 1,000mg 이상의 비타민 C가 필요하다.
⑤ 비타민 C는 항산화제로 작용하며 유해산소의 생성을 막는다. 따라서 비타민 C를 '항산화 비타민 또는 대사 정상화 비타민' 이라고 한다.

- 부족 시

① 체내 생리작용과 대사에 문제가 생기며 유해산소의 생성이 증가된다.
② 콜라겐 단백질 부족으로 세포의 결합력을 저하시켜 괴혈병, 골격과 치아 형성의 저해, 저항력 감소, 상처 회복의 지연 등을 보인다.
③ 피부의 색소침착증, 각화증, 과민증을 나타낸다.

- 급원 식품

① 신선한 야채와 과일에 많이 함유되어 있다. 즉 딸기, 감귤류, 브로콜리, 풋고추 및 녹색 엽채류 등은 좋은 급원 식품이다.
② 성인의 1일 최소권장량은 100mg이지만 한번에 1,000mg을 섭취하여도 과잉증이 나타나지 않는다.
③ 질병의 치유와 회복을 위하여 최근 병원에서 시술하는 메가비타민 C주사

는 효과가 있는 것으로 보고되었다.

(6) 엽산(Folic acid)

1941년 미첼(Mitchell)의 연구진은 세균의 성장을 촉진시키는 물질을 시금치 잎에서 분리하는데 성공하였다. 엽산은 푸른 채소에 많이 함유되어 있어서 명칭도 라틴어의 잎사귀란 말에서 유래되었다. 1945년 동물의 빈혈증을 치료하여 비타민 B_{12}와 함께 적혈구의 형성 과정에 필수적인 영양소로 강조되었다. 엽산이 부족하면 거대적아구성빈혈(Megaloblastic Anemia)에 걸리며, 비타민 B_{12}의 부족 시에 생기는 빈혈 증세와 유사한 증상이 나타난다. 엽산은 체내에서 필요한 다른 물질을 합성할 수 있도록 하고, 콜린(Choline)의 형성을 돕는다. 또한 페닐알라닌이 티로신으로 전환되는 대사과정에서 보조인자의 역할을 한다.

엽산 결핍 시에는 골수에서 적혈구의 세포분열이 일어나지 못하고 적혈구의 미성숙으로 인해 적혈구가 그대로 파괴되는 일이 많다. 따라서 임산부, 수유부, 조산아 등에서 엽산의 결핍증세가 많이 발생한다. 특히 임신기에 엽산이 결핍되기 쉬운데, 이는 조산아나 저체중아 출산의 원인이므로 가임 여성은 임신 전후에 엽산을 충분히 섭취해야 한다. 엽산은 특히 푸른색 채소에 많이 함유되어 있는데 대두, 새우도 엽산의 좋은 급원 식품이다.

(7) 나이아신(Niacin)

자연식품에는 니코틴산(Nicotinic acid)과 니코틴아미드(Nicotinamide)라는 두 형태의 성분이 있는데, 이를 총칭하여 나이아신이라 하고 그 효능은 모두 유사하다. 에너지 대사, 지방 분해 대사에서 보조효소를 형성하여 전자전달계에서 역할한다. 한편 나이아신은 다른 수용성 비타민과는 달리 필수아미노산인 트립토판을 형성하는 전구체를 가지고 있다.

부족 시에는 초조함, 우울증 등 신경장애와 피부염, 설사, 건망증 등이 나타나며 나이아신 결핍이 심하면 펠라그라병이 생긴다. 급원 식품은 쇠간, 육류, 고등어, 밀기울, 참치, 연어 등이다. 채소나 과일에는 나이아신이 거의 함유되어 있지 않다.

(8) 판토텐산(Pantothenic acid)

1938년 윌리암스(Williams)가 이스트(Yeast)에서 특별한 성장 촉진제를 발견한 이후에 이 물질을 합성하여 판토텐산이라 명명하였다. 판토텐산은 코엔자임 A(Coenzyme A)의 구성 성분으로 탄수화물, 지질, 단백질로부터 에너지를 방출하는 과정에서 작용한다. 위의 3대 영양소는 대사과정 중에 TCA-Cycle을 거쳐야만 하는데 그 과정 중 초기단계에서 필요하다. 한편 유황을 함유한 아미노산에 영향을 주어 피부, 모발, 손톱의 각질화에 중요한 작용을 한다. 판토텐산은 거의 모든 조직에 존재하는데, 특히 간과 신장에 많아서 소변을 통해 배설된다. 판토텐산은 간, 효모, 난황, 우유 등에 함유되어 있다.

(9) 비오틴(Biotin)

비오틴은 미생물 성장 촉진 물질로 발견되어서 1920년대에 'Bios' 라 불리다가 1936년에 난황에서 성장촉진제인 활성비타민으로 분리됨으로써 그 성분을 비오틴이라고 명명하였다.

비오틴은 모든 세포에 소량으로 존재하면서 식물·동물성 식품, 인체 내에서 단백질과 결합되어 있는데, 이 형태로 대사과정에서 조효소 역할을 한다. 지방산의 합성 및 산화를 돕고 탈아미노화에 작용한다. 또한 항체형성과 췌장의 소화효소 합성에도 관여하는 필수적인 영양소이다.

비오틴 부족 시에는 피부에 비늘과 같은 증상이 생기며, 피로, 졸음, 근육통, 식욕 감퇴 증세가 나타난다. 비오틴은 다양한 식품에 널리 존재하며 특히 간, 콩팥, 난황, 신선한 과일과 채소 등이 좋은 급원 식품이다.

[표 2-19] 수용성 비타민의 기능과 급원 식품

수용성 비타민	기능	결핍증	급원 식품
티아민	탄수화물대사에서 조효소	각기병, 부종	돼지고기, 배아, 현미, 참깨, 쇠간
리보플라빈	조직의 대사작용, 피지분비 조절, 에너지 대사의 조효소	지루성피부염, 구각염, 설염	배아, 우유, 버섯, 살코기, 브로콜리, 생선, 달걀, 간, 굴
비타민 B_6	아미노산 합성, 헤모글로빈 합성, 피지선 조절, 피부염증 방지	빈혈, 피부박리, 부종, 여드름	바나나, 간, 연어, 돼지고기, 시금치, 달걀, 통밀, 밤
비타민 B_{12}	핵산대사, 신체대사에서 조효소	악성빈혈증, 지루성 피부염	쇠간, 고등어, 복숭아, 당근, 굴, 조개, 다랑어
비타민 C	콜라겐 합성, 과색소 침착 방지, 노화 방지, 항산화제	괴혈병, 부종, 상처치료 지연, 색소침착, 과민 증상, 각화증	감귤류, 브로콜리, 감자, 고추, 파슬리, 딸기, 오렌지, 토마토, 신선한 과일 및 채소
엽산	면역에 관여, 신경 조절, 조혈작용	거대적아구성 빈혈, 성장 지연	푸른잎 채소, 견과류, 효모, 대두, 새우
나이아신	지방합성, 피부탄력 유지, 에너지 대사	펠라그라, 설사, 피부염, 건망증	쇠간, 닭고기, 육류, 고등어, 땅콩, 달걀, 우유, 연어
판토텐산	단백질 대사의 조효소, 지방합성에 필수적	신경과민, 자외선에 민감, 피로, 두통	간, 바나나, 콩류, 효모, 난황, 우유, 전곡
비오틴	탈아미노화, 지방합성의 조효소	피부염, 부종, 우울증	간, 효모, 난황, 치즈, 신선한 과일 및 채소

비타민의 섭취가 피부에 중요한 이유

- 아름다운 피부를 유지하기 위하여 비타민은 중요한 역할을 한다. 또한 건강을 유지하려면 적절한 영양소를 섭취해야 하는데, 신체 대사의 보조인자로서 비타민은 필수적이다. 탄수화물, 지질, 단백질의 3대 영양소가 체내에서 대사되어서 영양소 고유의 기능을 하기 위하여 비타민은 필수적인 성분이다.
- 한편 비타민은 체내에서 합성되지 않으므로 식품을 통하여 섭취하지 않는다면 결핍증이 유발된다. 피부의 노화 및 색소침착 등 병변이 생기며 외부 환경의 자극으로부터 방어 능력이 없어진다.
- 신선한 과일과 채소는 비타민의 공급 식품이다. 혈액은 약 알칼리성이므로 항상 적당한 알칼리를 유지해야 하는데, 육류와 곡류의 섭취가 많아짐에 따라 신체는 산성화된다. 그러면 피부는 생기를 잃고 건조해지므로 야채나 과일 등의 알칼리성 식품을 많이 섭취하는 것이 필요하다.

제 5 장

피부와 무기질

생물체를 구성하는 원소 중에서 탄소, 수소, 산소를 제외한 무기적 구성요소를 '광물질' 이라고 한다. 무기질은 단백질, 지방, 탄수화물, 비타민과 함께 5대 영양소 중 하나로서, 체내에서 여러 가지 생리적 기능을 하고 있다. 무기질은 적절한 pH를 유지하도록 조절하여 산과 염기의 균형을 맞추고, 삼투압을 통해 체액의 균형을 유지시킨다. 인체에 필수적인 무기질은 20여 종인데, 1일 필요량에 따라 비교적 많이 요구되는 것을 다량무기질(Macro mineral)이라 하고, 이에는 Ca, P, Mg, Na, K 및 S 등이 속한다. 반면 미량무기질(Micro mineral)은 필요량은 다량무기질에 비해 적지만 이 성분들도 인체의 생명과 건강 유지에 절대적으로 필요하므로 그 영양적 의의가 크다.

1. 칼슘(Calcium : Ca)
2. 인(Phosphorous : P)
3. 마그네슘(Magnesium : Mg)
4. 나트륨(Sodium : Na)
5. 포타슘(Potassium : K)
6. 유황(Sulfur : S)
7. 철분(Iron : Fe)
8. 요오드(Iodine : I)
9. 아연(Zinc : Zn)
10. 구리(Copper : Cu)
11. 기타 미량원소

1. 칼슘

- 칼슘(Calcium : Ca)은 골격과 치아에 99%가 존재하면서 그 조직을 구성하며, 나머지는 세포의 생명기능에 관여한다.
- 인체 내에서 가장 풍부한 무기질로서 체중의 1.5~2.0%를 차지한다.

[표 2-20] **칼슘권장량**

연령(세)	권장량(mg)	연령(세)	권장량(mg)
1~2	500	19~49	남 800/여 700
3~5	600	50~64	남 750/여 800
6~8	700	65~74	남 700/여 800
9~11	800	75이상	남 700/여 800
12~14	남 1,000/여 900	임신부	+320
15~18	남 900/여 800	수유부	+340

칼슘 흡수를 증진시키는 요인

① 비타민 D는 칼슘이 혈액으로 흡수되는 것을 도우므로, 비타민 D가 함께 존재할 때 흡수율이 증진된다.

② 장내의 산성 환경은 칼슘을 효과적으로 용해시키므로 흡수를 더욱 증진시킨다.

③ 비타민 C는 칼슘의 흡수를 증진시킨다.

④ 유즙은 젖당과 칼슘이 함께 들어 있는 좋은 급원이며 칼슘을 효과적으로 이용하는 대표적인 식품이다. 젖당(Lactose)은 칼슘이 불용성 물질로 전환되는 것을 방지하며 젖산(Lactic acid)을 생성함으로써 pH가 낮아져 칼슘의 흡수를 15~30% 정도 증가시킨다.

⑤ 칼슘의 흡수율은 신체에서 요구하는 정도에 영향을 받는다. 즉, 성장기나 임신, 수유기 등 칼슘의 요구가 증가될 때는 섭취된 칼슘의 흡수율이 60%나 증가되었다. 반면 폐경 후 여성은 칼슘의 흡수 능력이 감소되어 골다공증의 유발 가능성이 커진다.

⑥ 식사 내 칼슘과 인의 비율이 1:1일 때 칼슘의 흡수율이 높아진다. 칼슘에 비해 인이 과량일 경우 인산칼슘을 형성하여 칼슘은 흡수되지 않고 대변으로 배설된다.

- 혈액응고, 신경전달, 근육수축에 관여한다.
- 피부의 진정작용을 하며 혈압과 혈액의 pH를 조절한다.
- 결핍되면 신체의 저항력이 감소되고 과민성 피부로 변화되며 골격형성과 치아 건강에 악영향을 미친다.
- 칼슘은 제한된 식품에만 함유되어 있어 칼슘 부족을 쉽게 초래한다.
- 성인 남녀의 1일 권장량은 700~800mg이며, 임신기에는 1일 240mg을 추가하여 섭취하도록 권장하고 있다.

[Q17] 시금치를 멸치와 함께 먹으면 안 될까?

A. 시금치는 타임지에서 10대 건강식품으로 뽑힐 만큼 그 성분이 우수하며 비타민과 무기질과 항산화성분이 다량 함유된 식품이다.

시금치에 함유되어 있는 수산(Oxalic acid)은 다른 식품에 함유된 칼슘과 결합하여 불용성 염인 산화칼슘(Calcium Oxalate)을 형성하므로 칼슘의 흡수를 저해할 수도 있다. 하지만, 시금치를 익혀서 먹게 되면 수산의 양은 줄어들기 때문에 칼슘의 체내 흡수율을 낮추지는 않는다.
단, 가능하다면 따로 섭취하는 것이 더 좋은 방법이다.

2. 인

- 인(Phosphorous : P)은 세포의 인지질과 핵산, 세포막을 구성하는 성분이며, 골격과 치아의 형성에 중요한 역할을 한다.
- 영양소의 흡수와 운송을 도와주며 산, 염기의 균형을 조절한다.
- 인은 신체에 필수적인 요소이나 거의 모든 식품 내에 분포되어 있어 인의 결핍은 거의 나타나지 않는다. 인과 칼슘의 섭취 비율은 1:1이 바람직하며 성장기, 임신 · 수유기의 경우는 칼슘의 섭취율을 높여야 하므로 1:1.5가 이상적이다.
- 인은 대부분의 식품에 분포되어 있으며 특히 유즙 및 유제품, 육류 등은 인의 좋은 급원 식품이다.

3. 마그네슘

- 마그네슘(Magnesium : Mg)은 칼슘, 인과 함께 골격대사에 중요한 기능을 하며, 미토콘드리아에서의 효소반응을 촉매하는 필수적인 성분이다.
- 산화적 인산화반응(Oxidative Phosphorylation)에서 인이 방출되는 과정 중에 효소의 촉매로서 필요하다.
- 근육을 이완시키고 신경을 안정시키는 데 효과가 있다.
- 마그네슘은 채소에 많이 함유되어 있는데, 우리나라 사람들은 채소를 많이 섭취하므로 마그네슘이 결핍될 우려는 거의 없다.
- 성인은 하루에 280~350mg의 마그네슘을 섭취하면 건강을 유지한다고 알려져 있다.

4. 나트륨

- 나트륨(Sodium : Na)은 체액의 수분, 산 및 알칼리의 균형을 유지하며, 근육의 탄력성을 유지하는 역할을 한다.
- 신경의 자극 전달에 관여하고 소화액과 위산분비 촉진, 일사병 예방 등에도 작용하지만 과잉섭취 시에는 고혈압, 신장병의 원인이 된다.
- 나트륨 결핍증은 거의 나타나지 않지만 심하게 땀을 흘리거나 중노동 시에 나트륨의 손실량이 커진다. 최근 나트륨의 과량 섭취는 비만, 고혈압 등의 질병 유발과 깊은 관계가 있어서 오히려 소금의 섭취를 제한하고 있다.

5. 포타슘(칼륨)

- 포타슘(Potassium : K)은 체내에서 양이온(K^{+})의 형태로 약 250g 정도 존재하며 체조직의 파괴가 있을 때에는 혈청 포타슘량이 상승된다.
- 혈청 포타슘량을 신체근육조직[Lean Body Mass(LBM) = 체중 − 체지방]의 지표로서 사용하기도 한다. 따라서 체중이 감소되었는데 체내 포타슘 수준의 변화가 없다면 체지방이 감소되었다고 예측할 수 있다.
- 포타슘은 모든 동·식물성 식품 내에 널리 분포되어 있으므로 정상적인 식사를 통하여 충분히 섭취되는데, 열량의 섭취량이 증가되면 포타슘의 요구량도

증가된다. 포타슘을 함유하고 있는 식품은 채소, 과일, 육류, 우유 등이다.

- 포타슘은 나트륨과 함께 체액의 삼투압과 수분평형을 조절하며, 산·염기의 평형에 관여한다. 또 나트륨, 칼슘과 함께 근육의 수축·이완작용 및 신경의 자극 전달에 관여한다. 또한 췌장에서 분비되는 인슐린에 영향을 주며 글리코겐 및 단백질 형성에도 관여한다.

[Q18] 소금은 정말로 고혈압을 유발하는가?

A. 소금(NaCl)을 과량 섭취하면 신장의 배설 능력을 감소시켜 혈액이 탁해지게 된다. 혈액이 탁해지면 심장에 부담이 되고 이는 고혈압을 유발한다. 과잉 섭취한 NaCl을 적극적으로 배설시키기 위해서는 포타슘과의 균형이 중요하므로 포타슘의 섭취가 효과적이다. 포타슘은 여름에 생산되는 야채와 과일에 많이 함유되어 있다.

6. 유황

- 유황(Sulfur : S)은 모든 세포내에서 발견되며, 체중의 약 0.25%를 차지하고 있다.
- 함황아미노산으로 분류되는 메티오닌, 시스테인, 시스틴에 주로 함유되어 있고 결체조직, 피부, 손톱, 모발 등에 존재한다.
- 황은 보조효소 역할을 수행하는 티아민, 비오틴, 코엔자임 A의 구성요소이다.
- 유황은 콜라겐의 합성에 필요하며 세포 내에서 함황아미노산은 해독작용을 한다. 또한 유황이 결핍되면 모발 및 손톱의 성장이 방해를 받는다.
- 유황 함유식품은 육류, 우유, 달걀, 땅콩, 두류 등이다.

7. 철

- 철(Iron : Fe)은 조직 내 효소의 일부로서 신체 내에 아주 적은 양이 존재하고, 헤모글로빈(Hemoglobin)을 구성하는 매우 중요한 성분이다. 철의 함량은 피부의 혈색에 영향을 준다.
- 결핍되면 빈혈이 일어나며 비타민 C는 철의 흡수를 증진시킨다.

[표 2-21] 철 흡수에 영향을 주는 식사적 요인

증가요인	감소요인
① 철 요구량이 증가하는 경우 : 혈액 손실, 임신, 성장기, 과다한 육체활동 ② 위 내 산성화 ③ 비타민 C ④ 동물성 단백질 식품 ⑤ 유기산 및 구연산 등	① 체내 요구량 감소 ② 식품 중의 피틴산, 수산 ③ 차 종류의 탄닌성분 ④ 위산의 분비가 저하된 경우 ⑤ 위장 질환, 감염성 질환

[Q19] 철분흡수에 영향을 주는 오렌지주스 한잔은?

A. 육류를 섭취한 후 느끼함을 없애기 위하여 우리는 커피 한잔을 즐긴다. 커피의 카페인이 신진대사를 원활하게 하기 때문에 일의 활력을 얻을 수 있다. 하지만 철분의 흡수율을 고려한다면 커피보다는 오렌지주스를 선택해야 한다. 철분의 흡수율이 평균 10%라 할 때 커피를 마시면 육류에 함유된 철분의 5%를 이용할 수 있고 오렌지주스를 마시면 20%가 흡수되어 4배의 차이가 있다. 채소와 과일에 함유된 비타민 C와 우유에 함유된 단백질은 철분의 흡수를 높여 주며 커피에는 철분의 흡수를 방해하는 탄닌이 함유되어 있기 때문에 후식의 선택도 중요하다.

8. 요오드

- 요오드(Iodine : I)는 갑상선호르몬의 구성 성분으로 체내 기초대사를 조절한다.
- 모세혈관의 기능을 정상화시키며, 탈모를 예방하고 모발과 피부건강에 도움을 준다.
- 출생 이전부터 요오드가 부족하게 되면 크레틴병에 걸리게 되고 기초대사량이 낮아져 성장과 발육이 늦어지고 지능이 떨어진다. 성장기 이후에 저갑상선호르몬 상태가 되면 얼굴과 손에 부종이 생기며 피부가 거칠어지고 목소리도 쉰 듯하게 변한다.
- 급원 식품은 해조류, 새우, 굴, 대구, 청어 등이다.

9. 아연

- 아연(Zinc : Zn)은 많은 효소의 구성성분이며, 동시에 대사과정에 필요한 보조효소의 역할을 한다.
- 생체막의 구조와 기능을 정상적으로 유지하는 역할을 한다.
- 아연은 단백질 대사를 조절하여 콜라겐의 합성에 관여하며 상처회복을 위해 필요하다. 또한 면역기능의 유지에 관여하므로 결핍되면 피부염, 성장장애, 성적인 결핍 증상을 유발하기도 한다.
- 급원 식품은 단백질 함유량이 높은 육류, 가금류, 달걀, 유제품과 굴, 게 등이다.

10. 구리

- 구리(Copper : Cu)는 헤모글로빈 합성, 당질 대사, 인지질 형성 및 피부재생 등의 체내 반응에 관여한다.
- 구리는 호흡구조 내에서 효소의 촉매작용을 한다.
- 콜레스테롤 대사에 관여하며 담즙을 만드는 데 작용하므로, 구리 결핍 시에는 혈청 콜레스테롤이 증가하여 관상동맥성 심장질환을 일으키는 요인이 된다.

11. 기타 미량원소

미량 무기질 중 셀레늄은 메티오닌과 시스테인 유도체에 결합된 상태로 체내에서 흡수된다. 셀레늄의 기능은 글루타티온 과산화효소의 성분으로 작용하여 유해한 과산화물을 대사시킨다. 따라서 산화를 막는 중요한 성분으로 최근 관심이 고조되고 있으며, 체내 비타민 E의 사용을 절약하는 기능을 한다.

또 미량무기질의 하나인 불소는 체내에 극히 미량으로 존재하고 있는데, 골격과 치아조직에 칼슘염의 형태로 되어 있다. 불소의 기능은 치아의 에나멜층을 건강하게 하므로 불소가 결핍되면 충치 유발 가능성이 높아진다.

이 외에 망간, 몰리브덴, 크롬, 코발트와 같은 미량 무기질은 효소의 구성분으로 작용하거나 효소반응에서 촉매역할을 한다.

[표 2-22] 다량 무기질의 기능과 결핍증

무기질	기능	결핍증	권장량	급원 식품
칼슘	골격 형성 치아 구성 혈액응고 근육 수축·이완 신경전달 세포벽 투과성 효소활성화	경련 구루병 골다공증	영아 : 210~300 청소년 : 800~1,000 성인남자 : 800 성인여자 : 700 임신기 : +0 수유기 : +0	우유 및 유제품, 뼈째 먹는 생선, 푸른잎 채소, 전곡, 달걀노른자, 콩류, 견과류
인	골격 형성 세포의 구성 성분 에너지 대사 완충작용	Ca·P의 불균형 신장기능의 저하 골격 손상	청소년 : 1,200 성인남자 : 700 성인여자 : 700 임신기 : +0 수유기 : +0	대부분 식품에 함유 치즈, 육류, 달걀노른자, 견과류
마그네슘	골격, 치아구성 효소의 구성 성분 근육, 신경의 흥분	근육통 심장기능 약화 신경장애		전곡, 견과류, 육류, 우유, 콩류
나트륨	세포외액에 존재 삼투압 조절 산·알칼리 균형 신경자극전달 근육의 흥분	근육경련 식욕 감퇴		식염(NaCl), 베이킹나트륨, 베이킹파우더
포타슘	산·알칼리 평형 신경의 흥분 조절 근육의 이완 수축 클리코겐 형성 단백질 합성	조직의 이화작용 불규칙한 심장박동		전곡, 육류, 콩류, 과일, 채소
황	세포 단백질의 구성요소 고열량 유황 결합 (에너지대사) 항독작용	피부, 손톱, 모발의 기능 장애		육류, 달걀, 치즈, 우유, 견과류

[표 2-23] **미량 무기질의 기능과 결핍증**

무기질	기능	결핍증	권장량	급원 식품
철	헤모글로빈 생성 효소의 구성 성분 면역기능 유지	철분 결핍성 빈혈	어린이 : 8~10 청소년 : 14~16 성인남자 : 10 성인여자 : 14 임신기 : +10 수유기 : +0	육류, 난황, 전곡, 푸른 잎 채소, 콩류, 어류
요오드	갑상선호르몬의 성분	갑상선종 크레틴병		해조류, 해산물, 요오드첨가염류
구리	헤모글로빈의 합성 철의 흡수와 운반 등에 관여 골격 형성 및 뇌조직 유지	효소 기능저하 관상동맥성질환		간, 육류, 해조류, 전곡, 콩류, 견과류
아연	핵산 합성 필수적 효소의 구성요소 생체막 구조와 기능 유지 인슐린 기능 증가	성장지연 왜소증 상처회복 지연 식욕부진	어린이 : 3~4 청소년 : 8~9 성인남자 : 10 성인여자 : 8 임신기 : +2.5 수유기 : +5.0	해조류, 육류, 우유, 어패류
셀레늄	항산화작용 지질 대사에 관여	성장장애 항산화기능 장애		가재, 새우, 육류, 어류, 두류
불소	치아 건강에 관여	충치 유발 골다공증		해산물, 건조된 차류

제 6 장

피부와 수분

1. 수분의 역할

물은 세포원형질의 필수적인 구조물질이며 생명체의 구성요소이다. 세포는 일정량의 수분을 함유하고 있으며, 세포가 정상적으로 기능을 하기 위해서는 영양소의 공급이 필요하지만 세포를 둘러싸고 있는 체액이 항상 일정하게 유지되어야 한다. 즉, 생명을 유지하기 위해서 지속적인 수분 공급이 요구된다. 인간은 음식 없이는 약 60일을 견딜 수 있으나 물을 마시지 않은 상태에서는 4~5일 이상을 견디기가 힘들다고 한다. 따라서 우리는 6대 영양소로서 물의 중요성을 인식하고 있다. 성인기부터 연령이 높아짐에 따라 인체의 수분 보유량은 낮아지는데 성인의 경우 수분이 체중의 55~60% 정도를 차지한다.

(1) 인체 내 수분의 역할

- 신체 조직을 구성하는 중요한 성분이다.
- 생체 내 모든 반응은 물을 용매로 삼투압 작용을 한다.
- 체액을 통하여 신진대사를 한다.
- 체액의 전해질 농도와 산, 알칼리의 평형을 유지한다.
- 영양소를 신체의 기관에 운반하고, 소화흡수를 용이하게 한다.
- 필요 없는 노폐물을 땀과 소변으로 배설한다.
- 체온조절기능을 한다.

(2) 수분이 피부에 미치는 영향

- 피부표피의 수분량은 10~20%로 유지되어야 하는데, 수분평형이 깨지면 피부의 건조함이 시작되어 탄력이 상실되고 주름이 생긴다.
- 피부진피의 수분 부족은 굵은 주름의 원인이 된다.
- 피부에 수분이 부족하면 윤기와 탄력을 잃어 피부의 노화가 촉진된다.
- 염분을 많이 섭취할 경우에 수분의 요구가 증가되는데, 충분한 수분이 공급되지 못하면 체내에 무기질과 비타민의 결핍증까지 유발될 수 있다.

2. 수분의 분포

체중의 55~60% 정도로 인체의 주성분 중 가장 많은 양을 차지하며, 전해질과 유기물질이 녹아 체액을 이루고 있다. 체액은 세포 안과 세포 밖에 모두 존재한다. 체액 중 반투막을 사이에 두고 세포막 안에 있는 액체를 세포내액, 세포막 외부에 존재하는 액체를 세포외액이라 한다.

(1) 세포내액

세포내액은 모든 대사과정의 생화학적 반응이 일어나는 곳으로 체액량의 2/3를 차지한다.

(2) 세포외액

세포외액은 세포를 둘러싸고 있는 액체로서 산소 및 영양소를 외부로부터 세포에 공급해 준다. 또한 세포 내에서 생성된 노폐물을 체외로 배출시키고 전해질 농도, pH, 삼투압 등을 일정하게 유지함으로써 세포의 기능을 원활하게 한다.

(3) 식품 내 수분

음료 이외에도 식사를 통하여 섭취되는 음식물에는 상당량의 수분이 함유되어 있으며 각종 식품의 수분 함량은 식품의 종류에 따라 차이가 있다. 즉 채소나 수박과 같은 식품은 90% 이상의 수분을 함유하며, 곡류와 같은 건조식품은 10% 정도의 수분을 함유하고 있다. 고형식품에서 얻을 수 있는 수분의 양은 개인의 식사섭취 상태에 따라 차이가 있지만 정상인의 식사에서는 하루에 750ml 정도의 수분이 섭취될 수 있다.

[Q20] 운동 시 이온음료, 스포츠음료가 필요한가?

A. 심한 강도의 운동을 한 시간 이상 지속하면 근육활동의 증대로 열발생이 증가한다. 땀을 많이 흘리면 체액이 손실되어 운동 능력에 지장을 주므로 포도당과 전해질을 포함한 스포츠 음료가 도움이 된다. 그러나 걷기나 한 시간 이내의 운동을 했다면 전해질 손실이 크지 않으므로 생수로 수분을 공급하는 것이 좋다. 특히 비만 예방과 다이어트를 위해 운동을 하는 사람들이 이온음료를 자주 마시게 되면 음료에 포함된 당성분으로 인해 열량을 얻게 된다. 또한 단맛은 열량을 제공하는 뿐만 아니라 식욕을 자극할 수 있어서 운동 후 갈증의 해소에는 생수가 좋다.

3. 수분의 섭취와 배설

(1) 수분의 섭취

하루에 물을 얼마나 마셔야 하는가? 수분의 필요량은 운동량, 기후, 연령, 체중에 따라 차이가 있다. 운동을 많이 하거나 땀을 많이 흘리는 경우 수분 섭취량이 증가한다. 1,000kcal를 소모한다면 적어도 1,000cc의 물을 마셔야 한다는 보고가 있다. 따라서 정상 성인은 하루 평균 2,000cc의 물을 마시는 것이 요구된다.

수분 섭취량이 적을 때는 뇌하수체 후엽에서 분비되는 항이뇨호르몬(ADH)의 영향으로 신세뇨관에서 수분 재흡수가 증가한다. 이에 따라 소변량이 감소되고 총 체액량은 증가되므로 체액의 일정한 균형이 유지된다. 신생아와 어린이 및 노인의 단위체중당 수분섭취량은 성인에 비하여 많다. 사람이 하루 동안 섭취하는 수분량은 1,900~2,800ml 정도이며, 그 중 많은 부분이 액상음료를 통한 섭취(1,100~1,400ml)이고 나머지는 식품에 함유된 수분(500~1,000ml)을 통해 섭취된다. 그 외 신진대사에 의해 체내에서 생성되는 소량(300~400ml)의 수분이 있어서 1일 성인이 체내에서 이용할 수 있는 총 수분의 양은 약 2,000~2,600ml 정도이다.

1) 연령

[그림 2-11]에서 보는 바와 같이 연령이 증가하면서 신체 구성 성분 중 수분이 차지하는 비율이 점점 낮아진다. 신생아는 체중의 75% 정도가 물로 구성되어 있는데 신생아는 신장의 기능이 미숙하므로 성인에 비해 수분 필요량이 많다. 대개 신생아는 1kcal의 에너지에 1.5ml의 수분 섭취가 요구된다. 한편 노년기에도 갈증을 자주 느끼며 몸에서 수분을 보유하는 능력이나 신장 기능의 효율이 저하되므로 신체에서 요구하는 수분 필요량이 증가한다.

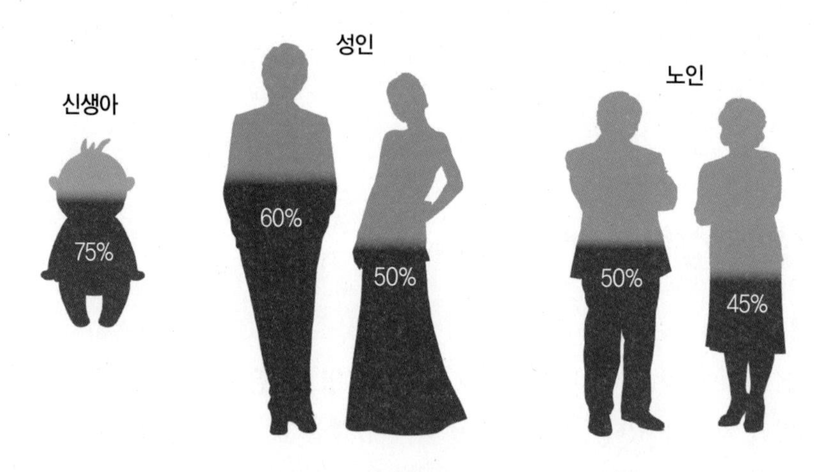

[그림 2-11] **연령에 따른 수분 보유량**

2) 임신, 건강 상태의 이상과 스트레스

임신기에는 양수를 만들어야 하며 태아의 성장을 돕고 모유 분비를 준비하기 위하여 수분 필요량이 증가한다. 이 외에도 건강 상태가 나쁠 때 수분의 요구량이 증가된다. 즉, 혼수상태, 열이 날 때, 다뇨증이나 설사 등의 증세가 있을 때에도 수분 요구량이 증가되므로 물을 많이 마셔야 한다. 고단백 식사를 할 때와 기후가 고온일 때도 수분필요량은 평상시보다 훨씬 많다.

(2) 수분의 손실 및 배설

인체는 섭취한 만큼의 수분을 배설해야 한다. 수분 배설량은 개인에 따라 다르며, 개인의 하루 컨디션에 따라서도 차이가 있다. 수분은 소변과 폐를 통한 호흡, 피부를 통한 증발에 의해 손실되며 땀과 대변을 통해서도 배설된다.

1) 소변에 의한 배설

체액은 섭취와 배설의 균형을 통해 일정량이 유지되므로 수분을 많이 섭취하면 소변의 양이 많아져서 농도가 낮아지고 소변의 색이 흐려진다. 건강한 성인은 하루에 1,000~1,500ml의 수분을 소변으로 배설한다. 수분 섭취량은 곧 소변의 배설량에 영향을 주므로 수분을 소량 섭취하였을 때에는 소변의 양이 적고 고형물이 많이 함유된다.

2) 피부와 호흡을 통한 배설

수분은 피부나 호흡을 통해 항상 증발된다. 인체가 열을 발산할 때 체온을 조절하기 위하여 땀을 흘리거나 수분을 증발시킨다. 이는 신체의 항상성 요구에 의해서 생기는 중요한 현상이다. 신생아는 피부를 통해 증발되는 수분의 비율이 성인에 비해 높고 소변을 통해 배설되는 수분의 양은 적다. 또한 폐를 통해서도 수분이 배설되는데, 보통 피부나 호흡을 통한 배설은 700~900ml 정도이다. 피부와 호흡을 통한 수분 배설은 환경적 요인에 의해 달라질 수 있다. 예를 들어 한여름의 낮 동안에 과한 운동을 하게 되면 땀으로 배출되는 수분의 손실이 매우 많아진다. 한편 고산지대에서도 습도가 낮고 산소도 부족하므로 호흡이 빨라지면서 수분 손실이 많아진다.

3) 대변에 의한 배설

대변을 통해서도 일정량의 수분이 배설되는데, 그 배설량은 100ml 정도로 적은 편이다. 그러나 장염이나 장의 이상질환이 있을 때에는 대변에 의한 수분의 배설량이 증가한다.

[표 2-24] **성인의 수분 보급원과 배설**

수분의 보급원	수분량(cc)	수분의 배설	수분량(cc)
액체 음료 고형식품 대사수	1,100 ~ 1,400 500 ~ 1,000 300 ~ 400	소변 증발작용 피부 증발작용 호흡 대변	900 ~ 1,500 500 ~ 600 400 ~ 500 100 ~ 200
합계	1,900 ~ 2,800	합계	1,900 ~ 2,800

4. 수분의 대사–수분 평형 조절

더운 날 운동을 많이 하면 땀을 많이 흘려서 수분의 배출량이 증가된다. 또는 건강 상태의 약화로 설사, 구토를 하거나 발한증세가 심한 경우에도 체액의 양이 정상 이하로 떨어진다. 체내에서 수분 손실이 클 때는 수분이 보충되어야 하는데 지속적인 수분 손실로 탈수 현상이 점점 더 심해지면 인체는 체액을 정상으로 유지하려는 적응 기전을 보인다.

땀을 많이 흘리거나 설사를 하면 수분이 빠져나가 세포외액이 감소하는데 계속해서 수분손실이 커지면 세포외액의 전해질 농도가 높아지고 삼투압에 의해 세포내액의 이동이 시작된다. 세포외액의 감소가 일어나면 갈증을 느끼고 뇌하수체 후엽에서 항이뇨호르몬이 분비된다. 갈증은 체액이 감소되었을 때 나타나는 첫 번째 증세이며, 심해지면 입술이 마르고, 맥박이 빨라지면서 체온이 상승한다. 이때 물을 마시면 세포외액의 양과 삼투압은 정상으로 돌아가지만 신체 이상이 있을 때는 수분평형이 깨진다.

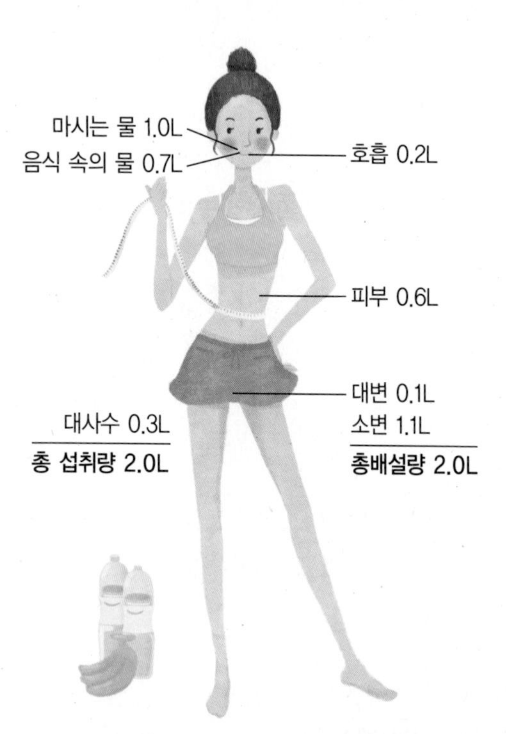

[그림 2-12] **수분 대사 및 평형**

항이뇨호르몬은 신장의 세뇨관에 작용하여서 수분의 재흡수를 촉진시켜 소변의 배설량을 줄인다. 한편 노인은 신장에서 수분을 재흡수하는 능력이 저하되어 있고 몸의 이상 상태를 느끼는 중추기능이 약해져서 수분 부족의 상태를 인지하지 못하므로 평상시에 수분을 충분히 섭취하는 것이 좋다.

5. 수분과 피부

인간은 누구나 탄력 있고 윤기가 흐르는 아름다운 피부를 갖기를 원하지만 아름다운 피부를 유지하는 것은 어렵다. 주름과 거친 피부의 가장 큰 원인은 수분의 부족이므로 평소에 물을 많이 마시지 않는 사람, 가공식품과 짠 음식을 즐기는 사람들은 좋은 피부를 유지할 수 없다. 따라서 신선한 과일과 채소를 즐기는 습관을 가져야 하며 건조한 실내에서 생활하는 경우 수분을 더 충분히 섭취하여야 한다. 피부관리 시에는 비타민 C와 비타민 E가 함유된 화장수와 크림류를 이용하여 피부에 적당한 수분을 보충해 줘야 한다.

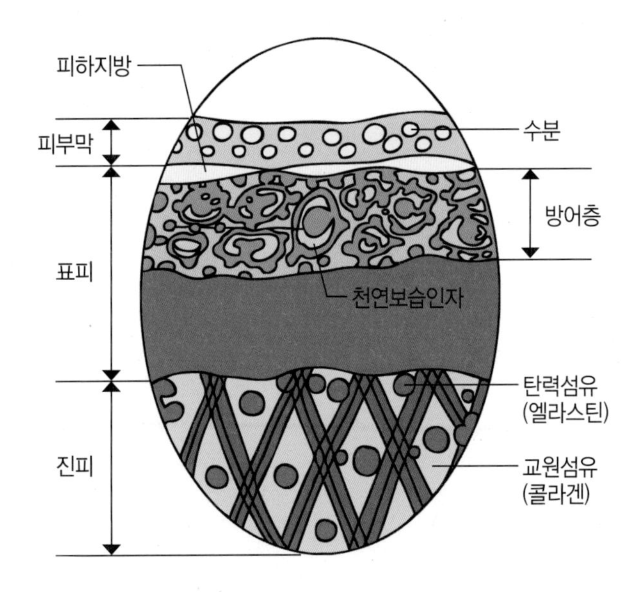

[그림 2-13] **피부의 보습기전**

건강한 피부에서 각질층의 수분 함량은 15~20%이며 수분이 10% 이하로 떨어지면 피부가 건조해지고 윤기와 탄력이 없어진다. [그림 2-13]에서 보는 바와 같이 각질층은 외부환경 변화에 대하여 민감하게 반응한다. 얼굴을 물로 씻으면 세포는 즉시 물을 흡수하기 시작하지만, 바로 기초 관리를 하지 않으면 수분이 증발하여 피부는 더욱 건조해진다. 따라서 세안 후 바로 화장수를 공급해 주는 것이 현명하다. 다시 말하면 아름다운 피부를 유지하기 위하여 규칙적인 수분 공급이 필수적이다.

또한 외부환경의 습도를 적절하게 유지하는 것이 피부의 건조증을 예방하는 방법이다.

짠 음식을 먹으면 잘 붓는다

흔히 저녁에 짠 음식을 먹으면 붓는다는 말을 하는데, 실제로 세포외액에 나트륨이 과잉 투입되면 삼투압이 높아진다. 체액은 삼투압의 항상성 유지를 위하여 뇌하수체 후엽에서 항이뇨호르몬을 분비하므로 조직간액의 수분배설을 감소시켜 수분이 정체되고 붓는 현상이 나타날 수 있다. 이처럼 조직의 수분이 평형 상태를 이루지 못한 상태를 부종(Edema)이라 하며 부종은 신장 기능의 저하 및 단백질 결핍 등에 의하여 일어난다. 부종이 있는 사람에게 소금을 제한하는 이유는 식염을 섭취할 경우 위와 같은 현상이 일어나서 부종은 심해지고 이런 현상은 신장에 부담을 줄 수 있기 때문이다. 짜게 먹으면 수분 요구량도 더 많아지므로 싱겁게 먹는 습관을 들이는 것이 좋다.

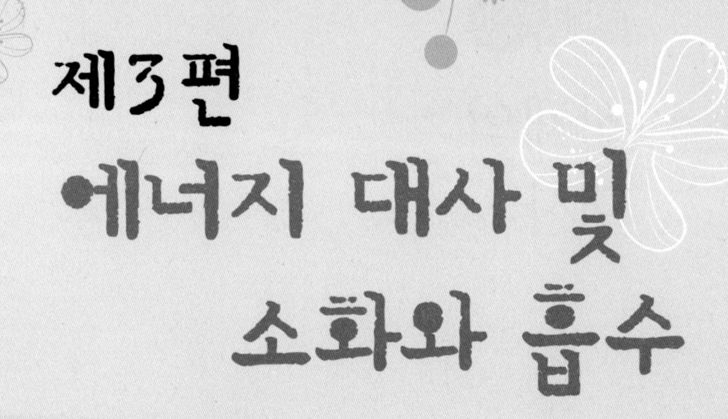

제3편 에너지 대사 및 소화와 흡수

제 1 장

신체의 대사

1. 에너지의 정의 및 측정

에너지란 무엇인가? 인체는 생명유지와 성장, 체온 조절, 세포의 활동, 물질의 이동, 육체적 활동 등의 끊임없는 대사활동을 계속하고 있다. 에너지란 이러한 생명유지를 위해 일을 할 수 있는 힘이다. 체내에서 일어나는 모든 신진대사를 위해 에너지가 필요하며 이 에너지는 우리가 섭취한 식품으로부터 얻을 수 있다. 사람은 누구나 근육 운동을 하고 있지만 그 외에도 생각을 하며 숨을 쉬고 지속적으로 새로운 세포를 만들고 있다. 이러한 체내 활동과 실제로 일을 할 수 있는 힘을 위해서는 에너지가 우선적으로 공급되어야 한다.

에너지란 말은 그리스어의 'en'과 'ergon'에서 유래되었는데 'en'이란 영어의 'in'과 같은 뜻으로 주로 '~의 안에'라고 해석할 수 있다. 'ergon'이란 영어의 'work'로 '일하다'라는 의미이다. 그리스어에서는 이 두 단어를 합하여 Energon이라고 사용했으며 에너지란 말은 '활동적으로 일을 할 수 있는 힘'을 의미한다.

식품 속에 함유된 에너지는 체내에서 대사과정을 거치며 신체가 일을 할 수 있는 기본단위로 전환된다. 예를 들어 영양소의 운반을 담당하는 삼투 에너지, 신경의 자극을 전달하기 위한 전기 에너지, 새로운 세포를 합성하고 육체의 활동을 하는 화학적 에너지와 기계적 에너지, 또 체온 조절을 위하여 필요한 열을 조절하는 에너지로 다양하게 전환되어 사용된다.

(1) 에너지 대사율 측정

각 식품이 함유하는 열량, 체내에서 요구되는 에너지량은 일을 하면서 발생되는 열을 측정하는 것과 유사한 방법으로 측정하는 것이 가능하다. 식품이나 영양학 분야에서는 열을 뜻하는 용어로 칼로리란 단위가 열량 및 에너지 대사율의 단위로 사용된다. 1칼로리(1cal)는 1기압에서 물 1g을 1℃ 상승시키는 데 소모되는 에너지를 말하며, 일반적으로 물 1kg에 소모되는 에너지인 1킬로칼로리(1kcal)를 자주 사용한다.

(2) 식품의 열량가 측정

각 식품의 열량을 측정하기 위하여 예전에는 시료가 연소될 때 발생하는 열을 봄 열량계(Bomb Calorimeter)로 측정하여 칼로리로 환산하였다. 하지만 최근에는 음식물을 태워서 칼로리를 측정하지 않고 음식물에 함유된 영양성분의 칼로리를 계산하여 합산된 열량으로 식품 전체의 열량을 설명하고 있다.

〈봄(Bamb) 열량계를 이용한 식품의 열량가 측정 방법〉

① 봄 열량계로 당질, 단백질, 지질의 열량가를 측정하면 1g당 4.1kcal, 5.65kcal, 9.45kcal를 발생한다. 알코올 1g은 7.1kcal를 발생한다.

② 신체에서는 실제로 영양소들의 100% 소화와 흡수가 이루어지지 않기 때문에 봄 열량계에 의한 열량가와는 약간의 차이가 생긴다. 식품이 지닌 에너지에서 소화율을 감안하고 대변으로 빠져 나가는 손실량을 뺀 것을 소화가능 에너지라 한다. 소화흡수율을 보면 당질은 98%, 지질은 95%, 단백질은 92%이다. 또한 단백질은 질소를 함유하고 있는데, 이 질소의 불완전 연소로 인해 손실되는 열량은 단백질 1g당 1.25kcal 정도이다. 따라서 단백질은 소화, 흡수를 위하여 더 많은 열량이 자체적으로 소모된다.

③ 소화 가능 에너지에서 다시 소변으로 손실되는 에너지를 계산한 것이 대사 가능 에너지이며 이를 생리적 열량가라고 부른다.

생리적 열량가는 당질 4.0kcal, 지질 9.0kcal, 단백질이 4.0kcal이다. 각 식품이 함유하고 있는 영양소를 파악하여 영양소의 함량만 알면 그 식품의 열량가를 계산할 수 있다. 예를 들어 우유 200ml에는 당질 9.4g, 지질 6.4g, 단백

[표 3-1] 에너지원 1g당 생리적 열량가

분류	봄 열량계	인체		
	열량가(kcal)	소화율(%)	손실량(kcal)	생리적 열량가(kcal)
당 질	4.10	98	0	4.0
지 질	9.45	95	0	9.0
단백질	5.65	92	1.25(소변으로)	4.0
알코올	7.10	100	0.1(호흡으로)	7.0

질 6.4g이 함유되어 있다. 따라서 우유 1컵의 열량은 [표 3-2]와 같이 계산되어 우유 200ml는 약 120kcal이라고 설명한다.

[표 3-2] 우유 1컵의 생리적 열량가

우유 1컵의 열량가

당 질	9.4g × 4 = 37.6kcal
지 질	6.4g × 9 = 57.6kcal
단백질	6.4g × 4 = 25.6kcal
	120.8kcal

(3) 인체의 에너지 필요량

인체는 생명유지, 대사활동 및 근육활동을 위하여 에너지를 필요로 한다. 즉 신체는 식품의 섭취를 통하여 영양소를 공급받고 체내의 대사과정을 위하여 에너지를 사용한다. 우리 몸은 자고 있을 때나, 또 깨어서 활동할 때에도 끊임없이 에너지를 소비하고 있다. 따라서 에너지의 공급이 없이는 생명현상이 지속될 수 없다. 에너지는 신체활동을 위한 힘의 근원이 되고 심장의 운동, 호흡 기능을 위하여 필수적이다.

인체가 소비하는 에너지의 형태는 기초대사량, 활동대사량, 식품 이용을 위한 에너지소비량의 3가지로 나눌 수 있다. 기초대사량이 1일 총 소비 에너지의 60~65%를 차지하며, 활동대사량은 25~30%, 나머지 5~10%는 식품 이용을 위한 에너지로 쓰이고 있다. 최근에는 휴식대사량을 따로 분류하는 경우도 있지만 휴식대사량은 기초대사량과 유사한 의미로 볼 수 있다.

1일 에너지 필요량 = 기초대사량 + 활동대사량 + 식품이용을 위한 에너지
(식품의 특이동적 작용)

[Q21] 뇌의 활동에 필요한 탄수화물은 스트레스 해소와 관계가 있나?

A. 탄수화물 중 단당류인 포도당은 정상적인 뇌의 활동을 위하여 외부로부터 꼭 공급되어야 하는 중요한 성분이다. 스트레스가 쌓이면 식욕이 촉진되어 단 음식을 찾고 과식을 하는 사람들이 있다. 단 음식들은 다이어트에 큰 방해 요인이지만 심신의 피로를 푸는 데는 효과가 있다. 실제로 43g 정도의 당질을 함유한 점심을 먹게 하였더니 뇌의 예민 수치가 46.7% 감소되었다는 시카고 의과대학의 연구결과가 보고된 바 있다. 스트레스가 많은 사람들에게 탄수화물은 스트레스 완화 기능을 한다는 것으로 해석할 수도 있으며, 당질이 하루의 스트레스로 인한 불안감과 좌절감을 해소하기 위하여 필요한 영양소가 된다고도 볼 수 있다. 단, 심리적인 불안감에서 단 음식을 찾고 과식을 하는 것은 생리적인 욕구이지만 비만 예방과 건강을 위하여 절제해야 한다는 것을 잊어서는 안 된다.

2. 기초대사량

기초대사란 호흡, 체온의 유지, 세포의 활동, 뇌의 기능, 심장의 활동 등의 기본적인 생명유지를 위한 것이다. 기초대사량이란 기초 상태에서 측정한 에너지 소비를 말하는 것으로서 이는 음식물의 소화와 육체적 활동에 필요한 에너지를 제외하고 오로지 생명유지를 위해 필수적으로 소모하는 에너지량만을 말한다. 다시 말하면 인체는 잠을 자면서도, 가만히 앉아 있을 때도 기본 에너지를 소비하고 있는 것이다. 즉 기초대사량이란 혈액순환, 호흡, 정상체온 유지 및 신경세포의 계속적 대사 작용 등을 위한 것으로 사람이 편안한 표준상태에서 필요한 최소한의 에너지 요구량이다. 평균적으로 성인의 1일 기초대사량은 1,200~1,700kcal이며, 건강한 성인의 기초대사량은 평상시에 비슷하게 유지된다.

(1) 기초대사량 측정

1) 간접적 기초대사량 측정 방법

예를 들어 피실험자가 6분 동안 1,200ml의 산소를 소모하였다면 이 사람의 기초대사량은 [표 3-3]과 같다.

[표 3-3] **간접적 방법을 이용한 기초대사량 계산**

간접적 방법을 이용한 기초대사량 계산

6분간 산소소모량 : 1,200ml
24시간 산소소모량 : 10 × 1,200ml × 24시간 / 1,000 = 288ℓ
기초대사율 : 288ℓ × 4.82kcal = 1,388kcal

2) 체격지수를 이용한 기초대사량 산출

일반적으로 나이가 18세이고 체중이 60kg, 신장이 168cm인 남자의 기초대사량을 [표 3-4]을 이용하여 구해 보면 1.0kcal×체중(60kg)×24시간=1,440 kcal이다.

[표 3-4] **기초대사량 계산 공식**

기초대사량 계산 공식

남자 : 1.0kcal × 체중(kg) × 24시간
여자 : 0.9kcal × 체중(kg) × 24시간

위의 공식은 평균적으로 일반적인 기초대사량을 측정할 때 사용되지만 실제로 기초대사량은 나이, 체표면적의 크기, 성별 등 여러 조건에 따라 다르므로 같은 체중의 사람이라 할지라도 차이를 보인다.

(2) 기초대사량에 영향을 주는 요인

1) 연 령

기초대사량은 성장 발육과 직접적인 관계가 있다. 일생을 통하여 기초대사량이 가장 왕성하고 높은 시기는 생후 1년과 2년이다. 기초대사량은 생후 2년 후부터 점차 감소되다가 사춘기에 다시 상승하며, 그 후 노년기까지는 점차적으로 낮아진다. 성인기부터 체지방량과 기초대사량은 10년마다 대략 2% 정도씩 감소하는 것을 볼 수 있다.

2) 체표면적

체표면적이 넓을수록 발산되는 에너지량은 증가한다. 따라서 기초대사량은 체표면적에 비례하고 시간당 에너지의 발생량이 다르므로 체표면적에 따라 기초대사량은 달라진다.

3) 체구성 성분

체구성 성분에 따라서도 기초대사량은 영향을 받는다. 일반적으로 근육은 지방조직에 비해 상대적으로 에너지 소모가 크다. 예를 들어 어떤 사람이 운동을 지속하였을 경우 체지방이 빠지고 근육량이 많아지면 기초대사량이 커져서 에너지 소비량이 증가하는 것을 예측할 수 있다.

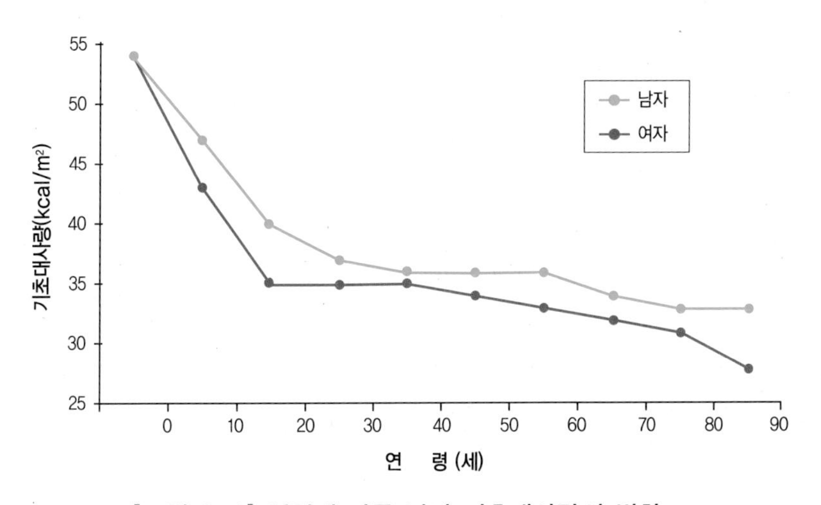

[그림 3-1] **연령에 따른 남녀 기초대사량의 변화**

4) 성 별

기초대사량은 성별에 따라서 다르게 나타난다. 여자는 남자에 비해 평균적으로 체지방이 많으며 근육량은 적기 때문에 기초대사량이 남자보다 6~10% 정도 낮다.

5) 기타

체온이 1℃ 올라가게 되면 기초대사량이 13% 정도 증가한다. 또한 티록신이나 노르에피네프린의 분비 증가, 기온의 저하, 스트레스 등은 기초대사량을 증가시킨다.

3. 활동대사량

활동대사량이란 일상생활에서 운동이나 활동을 통하여 소비되는 에너지로 1일 소비량 중 기초대사량 다음으로 많은 비중을 차지한다. 활동대사량은 신체의 기본적인 대사 이외에 근육 활동에 필요한 에너지를 말한다. 활동대사량은 활동량과 활동의 강도에 따라 변화되므로 활동의 종류 및 지속시간, 개인의 신체 상태에 따라 달라진다. 앉아서 공부를 하는 정신적 소모활동의 경우 근육을 많이 사용하는 과격한 운동보다 에너지 소모량이 낮고, 체중이 많이 나가는 남성의 소모에너지는 평균적으로 여성보다 훨씬 높다.

4. 식품의 특이동적 작용

SDA(Special Dynamic Action)란 식품 이용을 위한 에너지소비량으로서 식품이 체내에서 대사될 때 사용되는 에너지이다. 즉, 식품은 섭취되어 소화, 흡수되는 과정에서도 에너지를 필요로 한다. 평균적으로 식사 후 6시간 동안 이런 과정이 체내에서 진행되어 열을 발산하는데 이를 식품의 특이동적 작용(식품이용을 위한 에너지, SDA)이라고 한다.

각 영양소의 소화, 흡수 및 대사를 위하여 당질은 6%, 단백질은 30%, 지방은 4%의 에너지를 소모하는데, 균형 잡힌 혼합식을 할 경우 평균적으로 10% 정도가 소모된다. 따라서 하루 총 에너지 필요량은 기초대사량과 활동대사량에 약 10%의 식품의 특이동적 작용을 합산하여 계산한다.

단백질 식품이 살을 덜 찌게 하는 근거

단백질은 위에서 설명한 바와 같이 식품의 특이동적 작용을 위한 에너지가 30%인 반면 탄수화물은 6%이다. 즉, 같은 양의 음식을 섭취하였을 때 단백질 음식으로 섭취된 열량 중 30%는 음식의 소화 흡수를 위하여 사용되지만 탄수화물이나 지방 음식은 소화 흡수를 위하여 사용되는 소모량이 낮다. 따라서 단백질 식품을 섭취하는 것이 다이어트에 도움이 된다. 또한 탄수화물은 과량 섭취되면 혈당을 빠르게 높여서 인슐린이 과잉 분비되고 잉여 탄수화물이 지방으로 전환되게 하므로 살이 찌게 된다. 그러나 단백질은 근육의 구성 성분으로 사용되어 기초대사량을 높일 수 있으므로 몸매 유지를 위하여 유리한 식품이다.

5. 에너지 권장량

신체가 하루 동안에 소비하는 열량을 식품으로부터 섭취함으로써 에너지 소비와 공급의 균형을 맞출 수 있도록 에너지 섭취 수준을 제시한 것이 에너지 권장량이다. 권장량은 정상적인 활동을 하는 평균 체격의 성인을 기준으로 하여 책정된 평균값이다. 따라서 이는 건강상태나 외부 환경 등에 따른 각 개인의 에너지 필요량과는 약간 차이가 있을 수 있다.

국제보건기구(WHO)에서는 에너지 권장량을 책정할 때 기초대사량 대신 휴식대사량을 이용하고 있고, 활동대사량은 활동계수를 구하여 계산하는 방식을 사용했다. 우리나라에서도 1995년 6차 개정부터 WHO의 방법을 이용하여 에너지 권장량을 산출하였다. 연령과 성별에 따른 휴식대사량을 알기 위해 간접적 에너지 측정 방법으로 계산하여 휴식대사를 위한 에너지 소모량으로 환산하였으며, 이 결과를 토대로 연령별 휴식대사량 예측 공식을 제시했다. 다음으로 활동계수는 활동시간에 휴식대사량 배수를 곱하였다. 휴식대사량 배수란 각 활동에 필요한 에너지 값으로서 어떤 활동을 하는데 필요로 하는 에너지량을 측정한 다음 이를 휴식대사량에 대한 비율로 나타낸 것이다. WHO에서는 활동 종류별 에너지 소요량을 휴식대사량 배수로서, 이를 이용하여 1일 활동계수를 산출하였다. 한국인 성인 남녀의 1일 평균 활동 시간은 한국 방송공사에서 실시한 한국인 성인의 활동 시간 조사 보고를 기초로 하여 에너지 권장량을 제시하였다. 한편 2015년 한국영양학회에서 제시한 영양섭취기준은 2007년 질병관리본부가 제시한 체위 기준을 사용하고 있다. 한국인을 위한 1일 에너지 적정비율과 에너지 섭취 기준은 [표 3-5]와 같다.

[표 3-5] **한국인 체위 및 에너지 섭취 기준**

구분	연령(세)		체중(kg)	에너지(kcal)
영아	0~5개월		6.2	500
	6~11개월		8.9	700
소아	1~2		12.5	1,000
	3~5		17.4	1,400
남자	6~8		26.5	1,700
	9~11		38.2	2,100
	12~14		52.9	2,500
	15~18		63.1	2,700
	19~29		68.7	2,600
	30~49		66.6	2,400
	50~64		63.8	2,200
	65~74		61.2	2,000
	75이상		60.0	2,000
여자	6~8		25.0	1,500
	9~11		35.7	1,800
	12~14		48.5	2,000
	15~18		53.1	2,000
	19~29		56.1	2,100
	30~49		54.4	1,900
	50~64		51.9	1,800
	65~74		49.7	1,600
	75이상		46.5	1,600
	임신부	1분기		+0
		2분기		+340
		3분기		+450
	수유부			+25

[표 3-6] **활동대사량 산식**

에너지 소비량 계산과정

하루 동안 에너지를 얼마나 소비했는지 계산해 보자.

연령 : _________ 성별 : _________

신장 : _______cm 체중 : _____kg

◎ 기초대사량

- 체중을 이용하여 기초대사량(1)을 계산한다.

  남자 : 1.0kcal × ______kg × 24시간

  여자 : 0.9kcal × ______kg × 24시간

◎ 활동대사량

- 하루 동안 있었던 여러 가지 활동들을 모두 기록한다. 즉, 아침에 일어나서 잠자리에 들 때까지의 모든 활동과 시간을 1일 활동 기록표에 기록한다.

  활동대사량(2) : 총 소모 에너지 × 체중

  = _______(kcal/kg) × ____ (kg)

  = _______kcal

◎ 식품의 특이동적 작용(식품의 이용을 위한 에너지)

- 기초대사량과 활동대사량을 더한 값의 10%에 달한다. 따라서 다음과 같이 계산한다.

  식품이용을 위한 에너지(3) : [기초대사량(1) + 활동대사량(2)]× 0.1

  = (_______kcal + _____kcal) × 0.1

  = _______kcal

◎ 1일 총 에너지 소비량

- 1일 총 에너지 소비량

  기초대사량(1) + 활동대사량(2) + 식품의 특이동적 작용(3)

  = ____kcal + ____kcal + ____kcal

  = ____kcal

- 1일 활동 기록표
- 활동 기록을 기준으로 다음과 같이 활동대사량을 계산한다.

시간	활동	활동군										
		0	1	2	3	4	5	6	7	8	9	10
예)7:30~7:35	세수											

에너지 소모 활동군	에너지 소비량 (kcal/kg/분)	×	소모시간 (분)	=	총 소모 에너지 (kcal/kg)
0. 수면		×		=	
1. 깬 상태로 누워 있는 정도	0.002	×		=	
2. 앉아 있는 활동	0.007	×		=	
3. 서 있는 활동	0.008	×		=	
4. 일상생활 작업 활동	0.012	×		=	
5. 아주 가벼운 활동	0.017	×		=	
6. 가벼운 활동	0.025	×		=	
7. 중 정도의 활동	0.042	×		=	
8. 약간 심한 활동	0.067	×		=	
9. 심한 활동	0.108	×		=	
10. 극심한 활동	0.142	×		=	
합계					

(1) 에너지 대사의 불균형

성인들의 체중은 대부분 급격하게 변화하기보다는 비교적 일정하게 유지된다. 그러나 섭취와 소비의 균형이 깨질 때는 에너지대사의 불균형 및 질병을 유발하게 된다. 따라서 장기적으로 에너지 섭취량이 소모량을 초과하면 과잉 에너지가 지방세포에 축적되어 체중이 증가하고 비만이 된다. 단, 건강 문제를 평가할 경우에는 체중보다는 체지방을 측정하여야 한다. 일반적으로 BMI(Body Mass Index)가 남자의 경우 25%, 여자의 경우 30% 이상이면 비만으로 평가하고 있다.

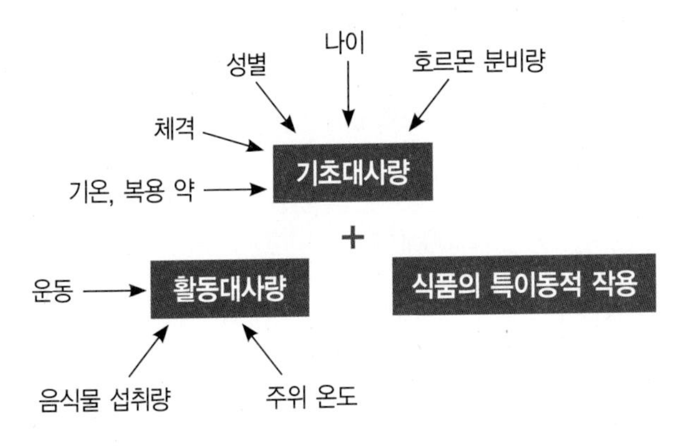

[그림 3-2] **1일 에너지 총 필요량**

반면 필요량에 비해 에너지 섭취가 부족한 경우에 체중 감소가 초래되며, 질병의 위험 요인이 따른다. 또한 감염에 대한 저항력이 감소하므로 각종 감염성 질환에 쉽게 노출될 수 있다. 특히 성장기 어린이는 영양소가 결핍되면 성장에 많은 영향을 받는다. 이와 같이 에너지 섭취와 소비의 불균형은 심각한 건강 문제를 유발시키므로 균형 잡힌 식사와 꾸준한 활동을 적절히 하는 생활 습관이 중요하다.

(2) 섭취한 음식과 운동량의 관계는?

칼로리와 운동량의 관계 등은 [표 3-7]에서 보는 바와 같다. 큰식빵 1/2쪽(80kcal)을 섭취했을 때 필요한 운동량을 제시하였다. 또한 상용음식의 칼로리를 [표 3-8]에 정리하였고 [그림 3-3], [표 3-9]에는 100kcal에 해당하는 식품의 양과 활동 강도에 따른 에너지 소비량을 제시하였다. 섭취한 음식의 열량을 소비시키기 위해서는 긴 운동시간과 많은 운동량이 요구된다는 것을 예측할 수 있다.

[표 3-7] 큰식빵 1/2쪽(80kcal)를 소비하는 데 필요한 운동

강한 운동	5분간 계속해서 80kcal	마라톤, 농구, 줄넘기
중등 운동	10분간 계속해서 80kcal	조깅, 계단 오르기, 자전거
가벼운 운동	20분간 계속해서 80kcal	걷기(70m/분), 조깅, 체조, 자전거
아주 가벼운 운동	30분간 계속해서 80kcal	산보, 가사노동

[표 3-8] 음식물의 칼로리와 운동

종류	중량(눈대중)	칼로리(kcal)
쌀밥	140g(1공기)	160
즉석라면	100g(1개)	470
만두	70g(1개)	200
떡	60g(작은 접시)	140
면류	100g	360
아이스크림	80g	140
맥주	500ml	240
우유	200cc	125
바나나	150g(1개)	100

[그림 3-3] 100kcal에 해당하는 음식물의 종류와 양

[표 3-9] **활동 강도에 따른 에너지 소모량**

구분	남		여	
	체중 60kg 60분(kcal)	100kcal 소모에 필요한 시간(분)	체중 60kg 60분(kcal)	100kcal 소모에 필요한 시간(분)
걷기(중간 속도로)	192	31	149	40
걷기(빠르게)	269	22	206	29
자전거(평지)	288	21	222	27
자전거(10km/h)	166	36	130	46
산책(빠르게)	250	24	193	31
탁구	536	11	413	15
배구	205	29	159	38
맨손체조(보통)	198	15	242	21
체조(강하게)	339	30	281	25
테니스	333	18	257	23
골프	301	20	232	26

6. 운동이 피부에 미치는 영향

운동이 피부에 미치는 영향에 대한 연구는 오랫동안 지속되어 왔다. 그 중에서 실험을 통한 선행연구 자료가 있어 이를 요약하면 아래와 같다. 연구의 실험 대상은 총 12명을 각각 6명씩 나누어 A그룹(고강도 운동 그룹)과 B그룹(저강도 운동 그룹)으로 배정하였는데 모두 20대의 피부질환이 없고 건강한 여성이었다. A그룹의 운동 강도는 HRmax 70% 유산소운동 30분, B그룹의 운동 강도는 HRmax 30% 유산소운동 30분이다. 운동 프로그램은 준비운동으로 스트레칭을 하였고 본 운동으로 걷기 5분-뛰기 20분-걷기 5분을 실시하였다. 정리운동은 다시 스트레칭으로 하였고, 실험 측정은 사전 측정과 3주 후 측정, 7주 후 볼 부위의 피부상태를 측정하여 통계처리 하였다.

(1) 운동 강도에 따른 안면피부 변화

1) 수분량 변화

[그림 3-4]과 [그림 3-5]에서 보는 바와 같이 운동 강도에 따른 볼 부위의 수분량은 사전 측정과 운동 후를 비교했을 때 A그룹과 B그룹 모두 유의할 만한 차이가 나타났다. 그룹간 비교에서 고강도 그룹이 운동 후에 사전 측정 13.4%, 3주차 5.5%, 7주차 2.5%로, 저강도 그룹보다 볼 수분의 배출이 많았다. 결과적으로 운동 강도에 따른 그룹 비교 시 고강도 그룹에서 운동 후에 더 많은 수분이 배출된 것으로 나타났다.

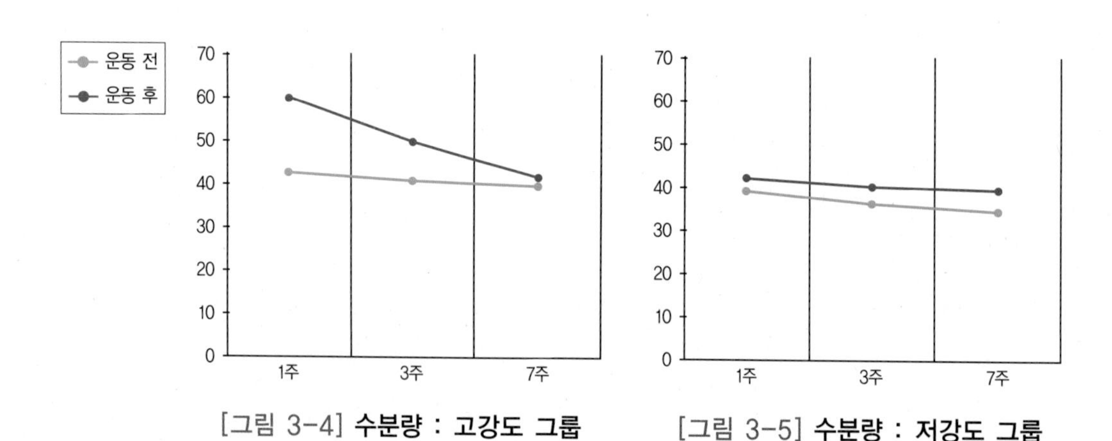

[그림 3-4] **수분량 : 고강도 그룹**

[그림 3-5] **수분량 : 저강도 그룹**

2) 유분량 변화

[그림 3-6]과 [그림 3-7]에서 보는 바와 같이 운동 강도에 따른 볼 부위 유분량의 변화를 알아본 결과 사전 측정과 운동 후를 비교해 볼 때 A그룹과 B그룹 모두 유분량에 유의할 만한 차이가 나타났다. 그룹간 비교에서 고강도 그룹이 저강도 그룹보다 운동 후에 사전 측정 21%, 3주차 1.1%, 7주차 0.5% 볼 유분량의 배출이 많았다. 결과적으로 운동 강도에 따른 그룹 비교 시 고강도 그룹에서 운동 후에 더 많은 유분량이 배출된 것으로 나타났다. 단, 기간이 경과함에 따라 차이가 줄어드는 특성을 보였다.

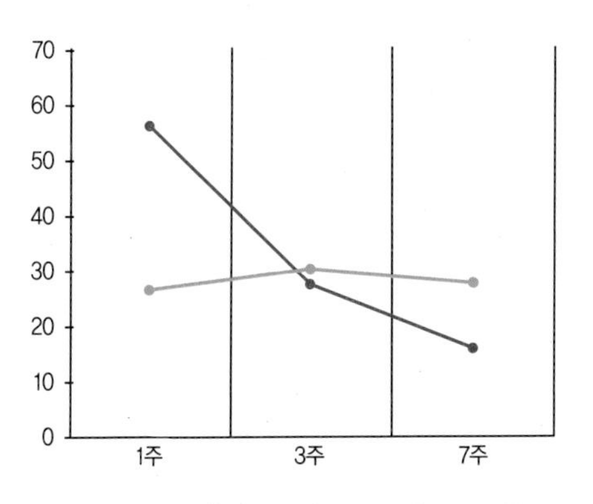

[그림 3-6] **유분량 : 고강도 그룹**

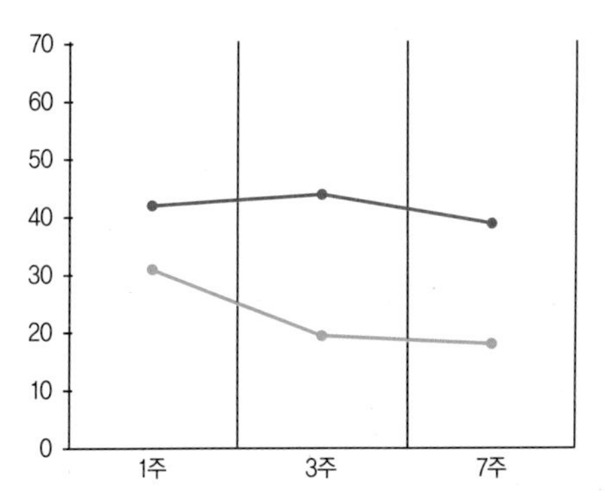

[그림 3-7] **유분량 : 저강도 그룹**

(2) 실험 결과를 통한 운동의 선택

운동 시간이 길며 강도가 큰 운동을 지속할 때 수분이 많이 배출됨으로써 피부는 오히려 건조해질 수 있다. 고강도 그룹과 저강도 그룹 간의 차이가 생겨 고강도 운동 시에 배출되는 수분량과 유분량이 더 많으므로 피부의 보호를 고려하여 운동을 선택한다면 저강도 운동이 바람직하다.

과격한 운동은 피부의 유수분 배출이 많아질 수 있음을 기억해야 한다. 또한 고강도의 운동을 한 후에는 손실되는 피부의 수분과 유분을 보충하기 위해서 별도의 피부 관리가 꼭 필요하다고 할 수 있다.

[Q22] 운동 후 샤워할 때 뜨거운 물이 좋은가?

A. 땀을 많이 흘린 후 샤워는 상쾌함뿐 아니라 피로 회복에도 도움을 준다. 달리기, 에어로빅 등 스포츠 활동 후 목욕은 10분 이내가 적당하며 15분 정도 이상의 목욕을 하고 나면 졸리게 되는데 이는 목욕이 많은 에너지를 소비하기 때문이다. 샤워는 피로 회복과 스트레스 해소, 정신적 긴장 완화의 효과가 있고, 목욕물의 온도는 40℃ 내외가 적당하다. 운동 직후에는 피부혈관이 확장되어 있고, 피부의 혈류량이 많으므로 찬물로 목욕을 하면 피부혈관이 갑자기 수축되어 혈압이 올라가서 심장에 부담이 된다. 운동으로 땀을 많이 흘린 뒤에는 가볍게 미지근한 물로 샤워 정도만 하는 것이 좋다.

7. 피부에 좋은 운동방법

피부에 가장 좋은 운동은 유산소운동과 근력운동을 함께 하는 것이다. 격렬한 유산소운동은 체내 지방을 연소시키지만 피부의 유·수분 손실로 인하여 피부노화를 가져올 수 있다. 따라서 피부에 무리를 주지 않고 몸 안의 긴장을 완화시키면서 노폐물을 배출하는 운동으로 빨리 걷기가 좋다. 또한 야간 운동이 주간 운동보다 피부건강에 더 좋다. 그 이유는 자외선으로 인한 피해가 적기 때문이다. 뿐만 아니라 야간 운동을 하게 되면 운동 후 뇌에서 멜라토닌과 성장호르몬이 많이 분비되는 것으로 알려져 있다. 성장호르몬은 밤 1시~2시 사이에 가장 많이 분비되는 호르몬으로 피부의 노화방지와 비만예방 효과가 있으며, 멜라토닌은 숙면을 취하도록 도와주므로 피부의 휴식과 항산화 기능이 있다. 또한 야간 운동을 하는 동안에는 스트레스로 지친 자율신경을 조절하는 효과가 탁월하다. 단, 너무 과격한 운동은 교감신경을 흥분시켜 피로를 유발하고 숙면을 방해하므로 강도가 낮은 운동을 지속하는 것이 좋다.

메모 20

운동 시 피부를 위한 준비사항

- 운동을 시작하기 전에는 화장을 지워야 한다. 화장품의 성분은 땀과 함께 얼룩져 모공을 막고 피부 트러블을 유발하는 요인이 되므로 깨끗하게 세안을 하고 운동을 시작해야 한다. 또한 세안을 했을 때는 얼굴이 당기지 않도록 화장수로 피부 정돈을 하는 것이 좋다.
- 세안을 할 때는 차가운 물보다 미지근한 물로 하는 것이 좋다. 따뜻한 물은 모공을 열어 줌으로써 노폐물이 빠져나갈 수 있도록 해 준다. 한편 머리카락에 헤어 제품의 성분들이 남지 않도록 머리를 감을 때도 깨끗하게 헹군다.
- 운동을 통하여 충분한 땀을 흘리는 것은 피부에 쌓인 노폐물을 제거하는 데 효과적이다. 따라서 운동을 할 때 물을 마시면서 수분을 보충해 주는 것이 좋다.
- 운동을 한 후에 수분마스크나 팩을 사용하면 효과가 좋다. 또한 운동을 마친 후에 스파나 사우나를 짧게 하는 것도 혈액순환과 피부에 좋다.

제 2 장

소화와 흡수

1. 소화기계의 구조

음식물의 소화와 흡수를 담당하는 여러 기관들을 통틀어 소화기계(Digestive System)라고 한다. 소화기계의 역할은 음식물의 영양분을 효소 작용 등으로 분해시킨 후 필요성분이 소장 상피세포를 통해 흡수되도록 하는 것이다. 소화기계는 소화관(위장관)과 부속기관으로 구성된다.

1) 소화관

소화관은 구강으로부터 인두, 식도, 위, 소장, 대장 및 직장을 거쳐 항문까지 총 10m의 튜브 형태로 구성되어 있다. 소화는 소화관 튜브의 관강(Lumen)에서 일어나며 소화과정 후 영양성분들이 상피세포 내로 이동하여 흡수된다.

2) 부속기관

치아, 혀, 식도 외에도 간, 담낭의 소화선들은 타액, 담즙과 같은 분비물을 생산하여 소화와 흡수를 돕는다. 소화기계의 구조는 [그림 3-8]과 같다.

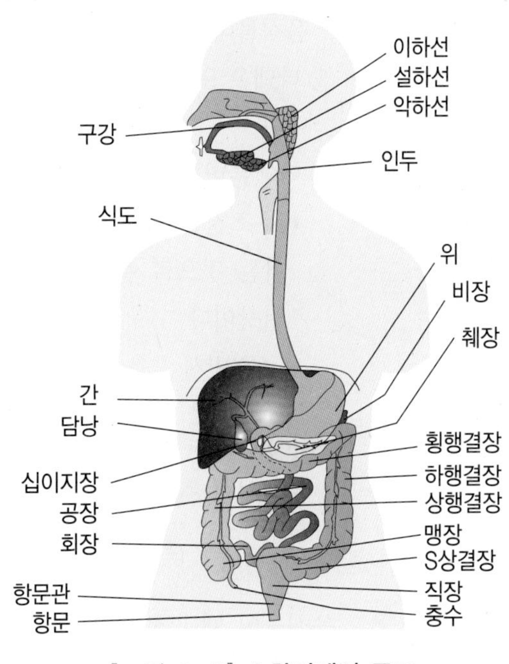

[그림 3-8] 소화기계의 구조

2. 영양소의 소화 흡수 과정

(1) 구강에서의 소화

1) 저작운동

① 음식물의 크기를 작게 으깨서 연하작용을 도와준다.
② 침과 충분히 섞이게 함으로써 타액의 소화작용을 쉽게 받도록 한다.
③ 미각의 자극을 강화시키는 작용을 한다.

2) 연하작용

① 제1단계 : 혀의 작용으로 음식물이 입에서 이동되는 과정이다.
② 제2단계 : 음식물이 인두점막을 자극하여 연하반사가 일어난다.
③ 제3단계 : 음식물이 식도에 도달하게 되고, 식도의 연동운동에 의해 음식물이 위로 이동하게 된다.

3) 구강에서의 작용

① 타액은 프티알린(Ptyalin)이라는 효소가 있어 전분을 부분적으로 소화하나 음식물이 구강에 머무는 시간이 짧아서 구강에서의 소화작용은 미약하다.
② 타액은 99.5%가 수분으로 1일 분비량은 1,200~1,500ml이고 pH는 6.8이다.
③ 타액분비의 조절은 조건반사와 무조건반사 기능이 있다.

- 무조건반사 : 구강이나 점막 등을 직접 자극함으로써 타액분비가 일어나는 것으로 음식물 등이 입안에 들어가면 2~3초 후에 침이 분비되는 현상이다.
- 조건반사 : 음식물을 보거나 생각할 때, 또는 소리나 냄새에 의해서 타액분비가 일어나는 현상이다.

(2) 위에서의 소화

1) 소화 과정

음식물이 체내에 흡수되어 이용되려면 소화기관에서 단순하고 크기가 작은 분자로 분해되어야 한다. 즉 소화내용물이 식도를 따라 위에 도달하면 괄약근이 열리면서 위 내부로 유입된다.

위의 기계적 수축 작용과 화학적 소화작용으로 내용물은 죽과 같은 유미즙(Chyme) 상태가 된 후에 유문괄약근(Pyloric Sphincter)이 열리면서 십이지장으로 보내진다. 유문괄약근은 십이지장으로 이동된 유미즙이 다시 위의 하단부로 역류하는 것을 막아 준다.

음식물이 위에 체류하는 시간은 음식의 양 및 종류에 따라 약 1~4시간 정도 소요되는데, 당질 음식은 위를 가장 빨리 통과하고 그 다음이 단백질, 지방 식품의 순이다. 다당류는 단당류로, 지질은 글리세롤과 지방산으로, 단백질은 아미노산으로 분해되는 과정을 소화(Digestion)라고 한다. 이렇게 소화된 물질이 장관벽 세포막을 통하여 혈관 속으로 이동되는 현상을 흡수(Absorption)라고 한다.

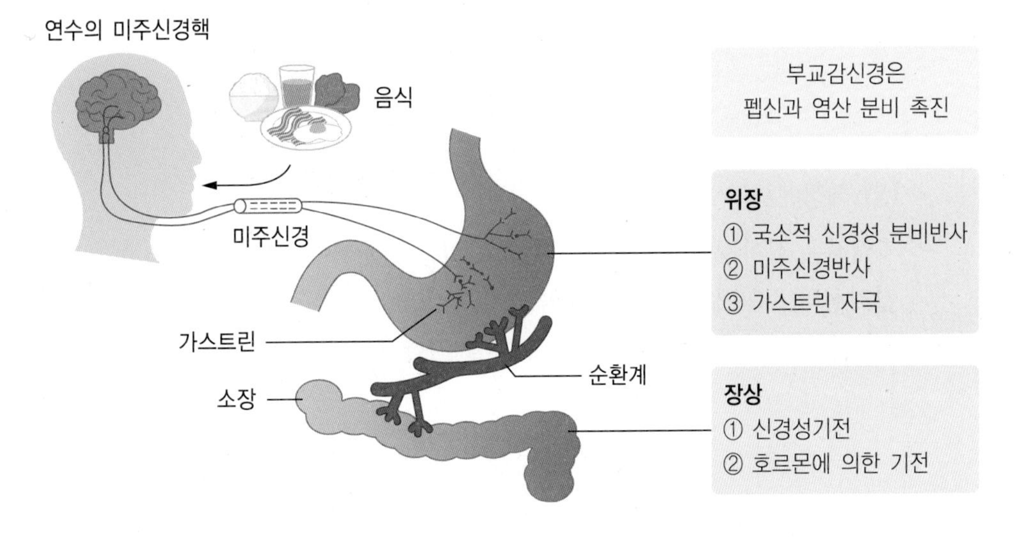

[그림 3-9] **위액 분비 단계 및 분비 조절**

2) 위의 소화효소

① 염산(HCl)은 pH 1~2로 음식물의 부패를 방지하고 펩시노겐을 활성화하고, 펩시노겐(Pepsinogen)을 펩신(Pepsin)으로 전환시켜 단백질을 분해한다. 염산과 펩신을 소화의 공격인자라 한다.

② 뮤신은 펩신의 작용으로부터 위벽을 보호한다.

③ 가스트린은 위의 하부에서 위 속에 있는 효소와 위산 분비를 자극한다.

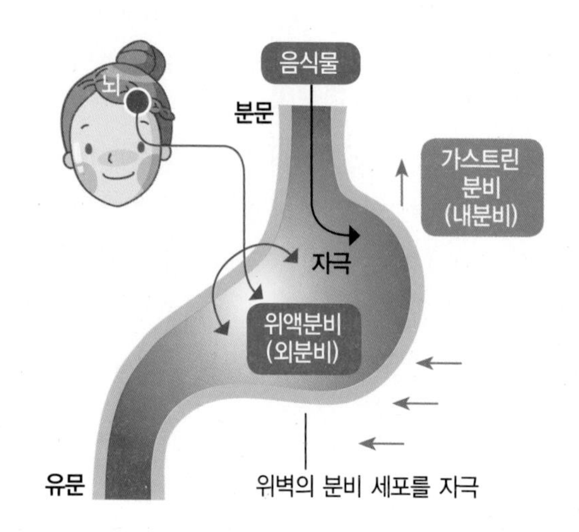

[그림 3-10] **위액 분비의 기구**

(3) 췌장에서의 소화 흡수

췌장은 십이지장의 위쪽에 위치하고 있는 기관이며 췌액은 무색투명한 약알칼리성의 소화액으로, 하루에 약 500~1,000ml 분비된다. 췌장에서는 탄수화물, 단백질과 지질 등의 음식물 분해를 위한 효소가 분비된다. 췌액의 분비는

[표 3-10] **췌장에서 분비되는 소화효소와 작용**

소화효소	기질	작용
Trypsin	단백질	펩타이드 결합을 파괴하여 단백질을 펩티드로 분해
Carboxypeptidase	단백질	단백질의 카르복실기 끝에서부터 분해
Lipase	지방	중성지방을 지방산과 글리세롤로 분해
Amylase	다당류	다당류를 포도당과 맥아당으로 분해
Ribonuclease Deoxyribonuclease	핵산	핵산을 유리 모노뉴클레오티드(Mononucleotide)로 분해

소화관 호르몬인 세크레틴(Secretin)에 의해 촉진되며, 또한 췌액은 탄산수소나트륨($NaHCO_3$)을 함유하므로 소장 내의 단백질 분해효소의 최적 pH를 유지하여 소화과정이 진행되게 한다.

한편 췌장에서는 당질의 대사에 반드시 필요한 인슐린과 글루카곤이 분비된다. 인슐린은 음식물로 섭취한 탄수화물을 포도당로 분해시켜 에너지를 만들며 남은 탄수화물을 체지방으로 전환하는 데 관여한다. 한편 글루카곤은 인슐린과는 반대로 공복 시에 체지방을 분해시켜 에너지를 생산하는 데 관여한다.

[Q23] 요구르트는 공복에 마시면 안 된다는데 언제 마셔야 하나?

A. 유산균은 위장을 거쳐 대장에 들어가서 변비를 예방하는 생리적인 기능을 한다. 그런데 공복 시에는 강한 염산 등의 산성 성분이 많이 분비되므로 위액으로부터 유산균이 보호되지 못한다. 따라서 유산균이 살아 대장까지 가서 장운동을 돕고 활발하게 작용하려면 식사 후에 마시는 것이 가장 좋다.

(4) 소장에서의 소화 흡수

소장은 직경이 약 2.5cm, 길이 6~7m에 이르는 기관으로 십이지장(Duodenum), 공장(Jejunum), 회장(Ileum)으로 구분된다. 십이지장은 위의 유문부에서 공장까지 이르는 C자와 유사한 말굽모양의 부위이다. 공장과 회장의 경계는 명확하지 않으며 대부분의 영양분이 소장에서 흡수된다.

1) 소장에서의 화학적 작용

① 소장에서 분비되는 아미노펩티다제(Aminopeptidase), 다이펩티다제(Dipeptidase)는 단백질을 분해하여 아미노산으로 소화, 흡수시킨다.

② 맥아당은 말타제(Maltase)에 의하여 포도당으로, 자당은 수크라제(Sucrase)에 의하여 포도당과 과당으로 분해되어 흡수된다.

③ 리파아제(Lipase)는 지질을 분해시킨다. 또한 지방함량이 높은 음식물이 십이지장으로 들어오면, 담즙이 십이지장으로 분비되어 지질의 유화 및 소화를 돕는다.

④ [표 3-11]에 제시된 세크레틴(Secretin), 콜레시스토키닌(Cholecystokinin)의 호르몬은 단백질과 지방의 소화에 관여한다.

[표 3-11] **소장에서 소화를 조절하는 호르몬**

호르몬	분비기관	분비를 자극시키는 물질	작 용
콜레시스토키닌 (Cholecystokinin : CCK)	소장 상부	소장 상부에 있는 지방과 단백질	• 담낭을 수축시켜 소장 상부로 담즙을 분비시킴 • 세크레틴과 함께 분비되는 소화호르몬
세크레틴 (Secretin)	소장 상부	위산이나 소화될 단백질	• 소장 상부로 담즙을 분비시켜 지방을 유화 • 췌장으로부터 췌장액과 중탄산나트륨 방출

2) 소장에서의 흡수작용

소장에는 융모가 무수히 많아 흡수면적이 대단히 클 뿐만 아니라 융모 자체가 여러 방향으로 운동을 하여 흡수를 촉진시킨다. 소장 내막에 있는 융모는 평활근 섬유가 있어서 좌우로 움직이는 운동을 하는데, [그림 3-11]에서는 융모의 구조를 보여주고 있다. 소장은 신체가 필요로 하는 충분한 양의 영양소를 흡

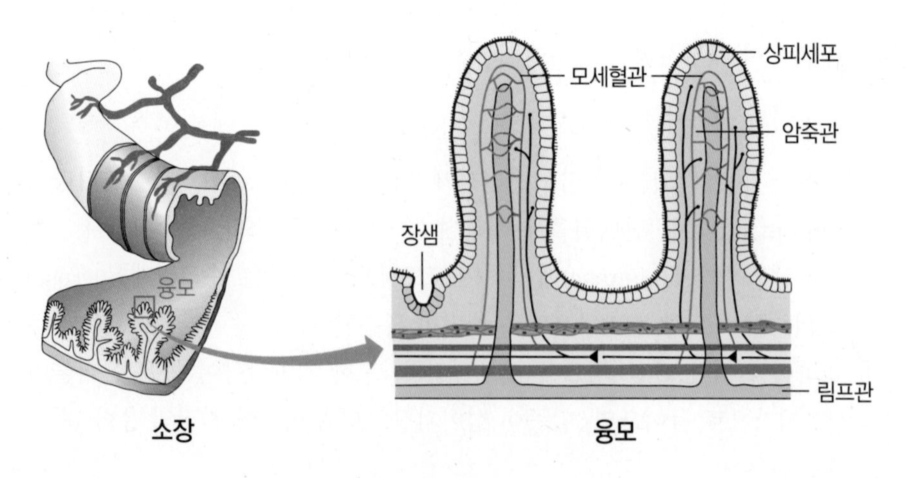

[그림 3-11] **소장벽의 구조 및 융모**

수할 수 있다. 한편, 소장의 흡수능력은 신체의 영양상태에 따라 적응을 하며 항상성을 보인다. 예를 들어 체내의 칼슘 보유량이 낮아지면 소장 상피세포에서의 칼슘 흡수율을 증가시킴으로써 식품 속의 칼슘을 최대한 이용하고, 반대로 체내에 칼슘이 충분히 저장되어 있는 상태에서는 장에서의 칼슘 흡수율을 낮춘다.

(5) 대장에서의 소화 흡수 작용과 변비

1) 대장의 구조 및 소화작용

대장은 형태에 따라 맹장, 결장, 직장으로 구성된다. 대장은 복부외측에서 소장을 둘러싸고 있으며, 대장은 소화관의 끝 부분으로서 항문까지 이어져 있는데 길이는 약 1.5m로 소장보다 굵고 짧은 관으로 되어 있다. [그림 3-12]에서 보는 바와 같이 대장은 6개 부분으로 나누어져 맹장, 상행결장, 횡행결장, 하행결장, S상결장, 직장으로 되어 있으며 상행결장과 횡행결장의 사이를 간결장곡, 횡행결장과 하행결장의 사이를 비결장곡이라 부른다. 필요한 영양분은 소장에서 모두 흡수되며, 대장은 영양분의 배설을 담당하는 기관이다.

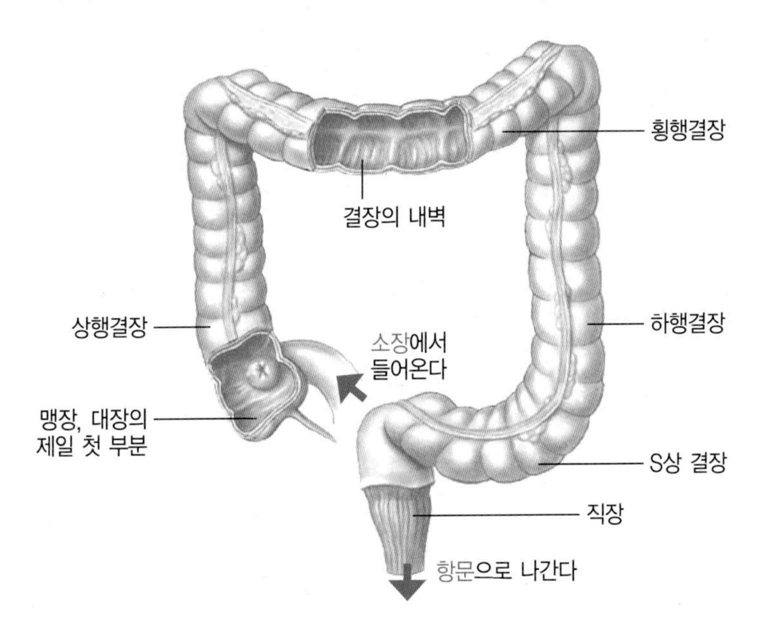

[그림 3-12] **대장의 구조**

2) 대장의 생리작용

① 수분을 흡수한다.
② 대장의 미생물은 비타민 K를 쉽게 장내에서 합성하므로 비타민 K의 결핍증이 나타나지 않는다.
③ 다른 미생물의 감염을 방어한다.
④ 대장 점막은 소화 효소를 포함하지 않은 알칼리성 점액만을 분비하여 영양소의 배설을 맡는다.
⑤ 장의 원활한 운동을 도와서 변비를 예방한다.

3) 배변과 변비

대장에서 수분의 흡수와 세균의 번식에 의하여 섭취한 음식물이 분변으로 되는데 이때 섬유소는 분변의 용적을 크게 하여 배변활동을 돕는다. 직장벽의 압력수용체는 압력의 증가를 감지하고 배변중추는 정보를 대뇌피질로 전달한다. 부교감신경은 내항문괄약근을, 대뇌피질은 외항문괄약근을 이완시켜 복근을 강하게 수축함으로써 배변을 유발한다. 따라서 배변을 자주 의식적으로 참고 있으면 직장벽의 긴장이 저하되어 변의를 잃어버리게 된다. 따라서 습관적으로 외항문괄약근의 긴장을 강하게 하여 변의를 억제하게 되면 습관성 변비를 일으킬 수 있다. 최근에는 섬유질의 함유량이 적은 인스턴트 식품의 섭취가 늘어나면서 습관성 변비 환자도 늘어나고 있다. 노인의 경우에는 장의 운동이 너무 저하되어 있어 이완성 변비가 생길 수 있다. 한편 경련성 변비는 변이 장에서 오래 머물러 수분량이 감소되어 생기는 변비이다. 이와 같이 변비가 있는 사람들을 위한 식사지침은 [표 3-12]와 같다.

[표 3-12] **변비 시 식사지침**

이완성 변비를 위한 지침	경련성 변비를 위한 지침
• 고섬유식(야채, 현미, 해조류, 오트밀 등) 섭취 • 수분 섭취 • 자극성 식품(향신료, 알코올, 탄산음료, 강산성 식품) 섭취	• 비교적 저섬유식, 고섬유식은 제한 • 자극성 식품(향신료, 알코올, 탄산음료, 강산성 식품)의 제한

소장과 대장에 염증이 있을 때 피부의 탄력이 없어지는 이유

소화관 내를 통과하는 수분의 양은 음식물 1.5ℓ, 타액 1.5ℓ, 위액 3.0ℓ로 총 8.5ℓ가 소장에 들어오는데, 소장에서 8.0ℓ의 수분이 흡수되고 대장으로 나머지 0.5ℓ의 수분이 보내진다. 대장에서는 이 수분을 거의 흡수하여 대변으로 배설되는 수분량은 0.1ℓ에 불과하다. 그러나 소장과 대장의 염증으로 인해 물의 흡수에 장해가 생기면 심한 설사가 일어나서 흡수율이 떨어질 뿐 아니라 체액의 손실도 커진다. 따라서 염증이 지속되면 피부의 수분 보유량이 낮아지며 피부의 탄력이 없어지는 것을 느끼게 된다.

[Q24] 아침에 마시는 물이 변비를 예방하는 이유는?

A. 변비를 예방하기 위해서는 장의 기능을 위한 적절한 운동과 식사 습관이 중요하다. 또한 매일 일정한 시간에 배변하는 습관을 길러야 한다. 섬유소가 많이 함유된 식품을 많이 먹으라고 권장하는데 섬유소만 섭취하고 수분 공급이 부족하면 오히려 변비가 될 우려가 있다. 가끔 섬유소가 함유된 건강보조제를 섭취하고 수분을 섭취하지 않아 변비가 더 심해졌다고 호소하는 사람들이 있다. 섬유소는 용적을 증가시켜서 연동운동을 돕고 그 부피에 의해 배변을 촉진시키므로 섬유소 섭취 시에는 수분을 충분히 보충해야 한다. 또한 생체 리듬상 새벽 4시~정오까지가 배출주기이므로 공복 시와 아침에 물을 많이 마시고 일정한 배변 습관을 갖는 것이 중요하다.

(6) 소화부속기관의 소화 · 흡수 작용

1) 간

간은 영양분을 대사·저장하면서 인체에 영양분을 공급해 주는 역할을 한다. 따라서 당질, 단백질, 지질의 대사에서 분해된 영양분이 간에 저장되었다가 신체에서 필요할 때에 공급이 된다. 또한 체내의 낡은 물질을 새 물질로 바꾸어 신체를 항상 새롭게 유지하는 작용을 한다. 술을 마셨을 때 해독을 위한 성분을 공급하여 빠르게 신체를 회복시키는 일은 간의 중요한 기능이다. 그 외에 기타 약물로 인한 독성을 해독시켜 주는 기관이므로 간의 악화는 건강에 치명적이라 할 수 있다.

2) 담낭

담즙은 간에서 만들어지고 담낭에서 농축되어 십이지장으로 분비되는 pH 7.8의 약 알칼리성 소화액이다. 하루 500~1,000ml 정도 분비되며, 담즙은 체내 물질의 배설을 쉽게 하는 기능이 있어 섭취한 독성성분을 제거해 준다. 담즙산은 지방을 유화시켜서 소화되기 쉽도록 하며, 지용성 물질의 흡수를 돕는다. 그러나 담즙 속에 있는 콜레스테롤이 담도나 담낭 내에서 덩어리로 고체가 되면 콜레스테롤계 담석(Gallstone)현상이 유발될 수 있다. 담석이 생기면 피부가 황색으로 착색되는 황달(Jaundice)현상이 나타난다.

3. 음식물이 흡수되는 과정

소화된 영양소가 소장점막의 상피세포에서 체내로 들어가는 과정을 흡수라 하는데 각 영양소에 따른 흡수는 약 70%가 소장에서 일어난다. 또한 영양소의 종류에 따라 흡수 부위가 다르다. 구강이나 식도에서는 영양소의 흡수가 일어나지 않으며, 위에서는 소량의 알코올만이 흡수된다. 대부분의 영양소는 소장에서 흡수되며, 수분은 주로 대장에서 흡수된다. 영양소의 흡수는 확산(Diffusion), 능동수송(Active Transport)의 기전에 의한다.

(1) 확산(Diffusion)

단순확산(Simple Diffusion)과 촉진확산(Facilitated Diffusion)이 있다. 단순확산이란 생체막을 경계로 해서 영양소의 농도가 높은 쪽에서 낮은 쪽으로 농도 기울기에 의해 막을 통과하여 이동하는 현상을 말한다. 촉진확산이란 소장의 점막에 물질을 받아들이는 역할을 하는 운반체(Carrier)가 존재해서 단순확산보다 빠르게 영양소를 운반하고 영양소를 세포 내로 받아들이는 것이다. 흡수 속도와 세포 밖의 영양소 농도와의 관계는 효소 반응속도와 기질농도와의 영향을 받는다. 확산에 따른 흡수에는 에너지가 소요되지 않는다.

(2) 능동수송(Active Transport)

촉진확산과 비슷하지만 농도 경사에 역행하여 영양소가 이동된다. 예를 들어 포도당의 능동적 운반 기전에서 포도당이 Na^+와 함께 운반체에 결합되어 ATP (Adenosine Triphosphate)를 소모하는 Na^+펌프에 의하여 Na을 세포 외로 내보낸다. 즉 소장점막에 존재하는 운반체가 특정 영양소와 결합하여 흡수하는 것으로서 에너지를 필요로 한다.

4. 영양소의 순환계를 통한 운반

소장 상피세포 내로 흡수된 영양소가 이동하려면 순환계를 통하여 운반되어야 한다. [그림 3-13]에서 보는 바와 같이 크게 두 가지 경로인 문맥순환과 림프관순환에 의해 체내 다른 조직으로 운반된다.

(1) 문맥순환

소장 융모의 모세혈관으로 흡수된 아미노산, 포도당, 일부 지방산, 수용성 비타민, 무기질 등의 수용성 영양소들이 간문맥(Portal Vein)을 통해 직접 간으로 들어가는 경로이다.

(2) 림프관순환

소장의 모세림프관은 특히 소화 분해된 지용성 성분을 흡수하므로 유미관(Lacteal)이라고 하며 이 유미관을 통하여 지용성 물질을 함유한 카일로마이크론이 림프관으로 집합하여 가슴관(흉관, Thoracic Duct)으로 흘러 들어간다.

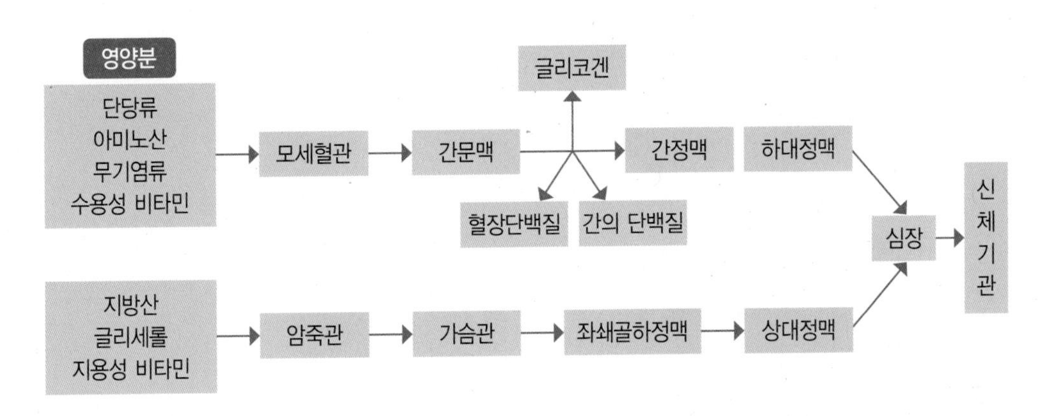

[그림 3-13] **영양분의 흡수와 이동**

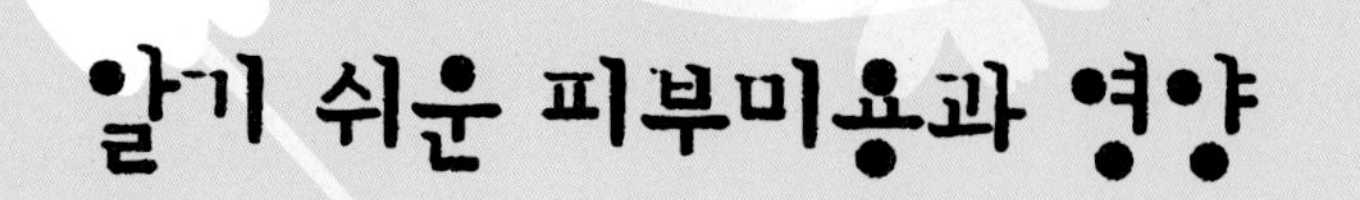
알기 쉬운 피부미용과 영양

제4편
노화 및 비만과 영양

제 1 장 피부노화와 영양

1. 노화현상이란?

(1) 노화의 정의

노화란 연령이 증가함에 따라 신체에서 생리적인 변화가 일어나고 생물학적 기능과 스트레스에 대한 적응능력이 감소하는 현상을 표현하는 말이다. 10대의 피부는 표피의 수분상태가 양호하고 진피의 교원섬유(Collagen Fiber)와 탄력섬유(Elastin Fiber)의 탄성이 좋으며 유분의 분비상태가 적당하다. 그러나 10대에 15~20%이던 피부의 수분함량이 나이를 먹어가면서 10% 이하로 떨어지고 피지선의 기능도 저하되어 유분의 결핍현상도 나타난다. 또한 교원섬유와 탄력섬유의 기능이 약화되어 피부의 매끄러움과 탄력성이 저하되면서 잔주름이 생기기 시작한다. 이것이 피부의 노화현상이며, 노화가 시작되는 시기는 보통 20대 중반부터 나타난다. 피부노화는 시간의 진행에 따른 퇴화현상이 외부의 환경적인 영향과 합쳐져 나타나는 것으로 그 원인은 나이에 의한 노화(Chronological Aging)와 자외선노화(Photo Aging)를 들 수 있다.

(2) 노화의 특징

노화는 피부의 건성화로부터 시작되는데, 단백질의 노화를 촉진시키는 활성산소(유해산소, Free Radical)가 생성되면 더 빠르게 진행된다. 피부의 표면이 거칠어지거나 탄력성이 급격히 저하되며 주름이 생기는 등 피부를 통해 노화를 느낄 수 있다. 또한 피부가 얇아진다거나 세균 감염이 잘 되는 현상으로도 나타나는데, 노화가 진행되는 현상을 정리해 보면 아래와 같다.

① 한선, 피지선의 변화로 피부가 건조해지며, 건조증이 심하면 피부 표면에 비늘 증상이 나타난다.
② 세포 재생이 늦어지고 노화 각질이 쌓여 피부가 거칠어진다.
③ 표피를 지탱해 주는 콜라겐의 합성이 감소되고 엘라스틴이 변성되어 주름이 생긴다.
④ 멜라닌의 변성으로 피부에 얼룩이 생기며 과색소 침착 증상이 나타난다.
⑤ 피부표면이 얇아져 피부 보호 기능이 약화되면서 외부자극에 민감해진다.
⑥ 혈액 순환의 불균형과 피부세포 내의 영양 흡수능력 저하로 결체조직이 위축된다.
⑦ 면역기능이 저하되어 노인성 색소, 자극에 의한 피부염 등의 병변이 유발된다.

2. 노화의 요인

(1) 자외선(Ultraviolet Rays)

자외선에는 진피를 자극하는 UV-A형과 표피를 자극하는 UV-B형이 있다. 멜라닌 색소는 자외선으로부터 피부를 보호하려는 자기방어의 작용을 한다. 그러나 40대 이후에는 멜라닌 색소의 기능이 떨어지거나 또는 필요이상으로 합성된 멜라닌의 화학반응으로 인하여 피부에 색소침착이 증가된다. 특히, 기미, 주근깨, 검버섯 등이 생기거나 피부에 얼룩이 생긴다. 또한 건성이 심하면 지루선염이나 건선등과 유사한 증상이 유발되기도 한다.

1) 자외선 종류

① UV-A

파장 320~400nm 사이의 자외선으로서 진피까지 작용하여 피부색을 검게 하고 주름을 유발한다. 피부가 하얀 사람은 A파의 자외선에 주의해야 한다. UV-A파 자외선은 흐리거나 비가 오는 날에도 항상 존재하므로 피부노출에 유의해야 한다.

② UV-B

파장 290~320nm 사이의 자외선으로서 표피에 작용하며 세포분열을 증진시키고 각질층을 더욱 두껍게 만든다. 이것은 기미를 생기게 하는 원인이 되므로 피부가 검은 사람은 자외선 UV-B에 주의해야 한다. 여름에 해수욕 등에서 타는 현상을 선번(Sun Burn)이라 하는데 주로 UV-B에 의해 유발된다. 피부가 검어지며 일주일 정도 지나면 표피의 두께가 증가해 피부가 칙칙해진다. 심할 경우 표피세포가 죽고 껍질이 벗겨지기도 한다. 따라서 이러한 자외선으로부터 피부를 보호하는 것이 중요하고 자외선 노출 후에는 피부 관리로 빠른 회복을 시켜야 한다.

③ UV-C

UV-C 자외선은 건강에 아주 나쁘지만 지표면까지 도달되지 않는다. 또 인공 선텐기구를 잘못 사용하면 드물게 UV-C가 나오는 경우가 생기므로 주의해야 한다.

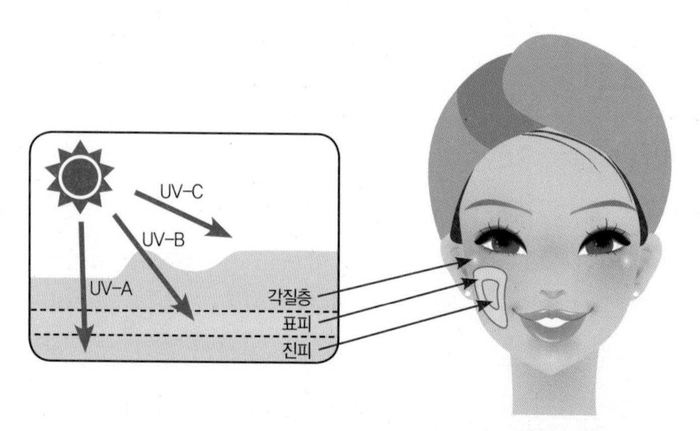

[그림 4-1] **피부층에 투과되는 자외선의 종류**

2) 자외선의 강도

자외선의 강도와 양은 지역, 계절, 그리고 시간대에 영향을 받는다. 월별 자외선 양은 [그림 4-2]에서 보여지는 바와 같이 5월부터 8월에 가장 높고, 하루 중에는 오전 11시부터 오후 2시까지가 가장 강하다. 특히 해변, 스키장 등에서는 직사광선 이외에도 물, 눈에 반사되는 광선으로 인하여 실제로 피부에 닿는 자외선의 양은 훨씬 많아진다. 설면이나 수면의 경우 빛의 반사율이 약 80~

100%이므로 몸에 도달되는 자외선은 거의 2배에 가깝다. 따라서 해변과 스키장 등과 같이 반사광선이 많은 곳에 나갈 때에는 직사광선뿐만 아니라 반사광선의 노출에도 신경을 써서 피부 손상을 막는 것이 중요하다.

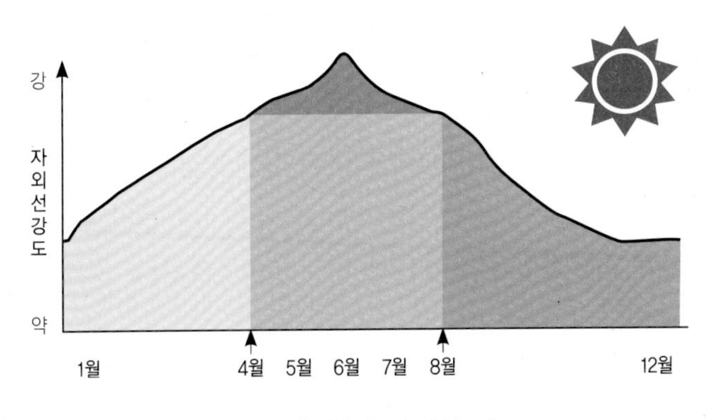

[그림 4-2] **월별 자외선 강도**

3) 자외선이 피부에 미치는 영향

자외선은 가시광선의 보라색보다도 더욱 짧은 파장의 광선으로 피부에 미치는 영향은 매우 크다. 피부의 건강을 좌우하는 것이 거의 자외선이라고 해도 될 만큼 노화현상과 피부의 이상질환에 대한 주된 요인으로 작용한다. 자외선으로 한번 손상된 피부는 쉽게 회복되지 않으므로 평상시에 자외선으로부터 피부를 미리 보호하는 것이 가장 중요하다. 자외선에 자주 노출된 피부는 피부 구조 단백질인 콜라겐, 엘라스틴 등이 파괴되어 피부 탄력이 떨어지고 주름이 형성된다.

여름철 해수욕 등으로 장시간 햇볕에 노출되었을 때 피부가 빨갛게 변하다가 8시간 후 최고조에 달하며 이것을 썬번(Sun Burn)이라고 한다. 심한 경우에는 물집이 생기기도 하는데 이것은 자외선이 피부의 염증반응을 유발시키기 때문이다.

[그림 4-3] **자외선에 의한 피부문제**

① **색소침착**

자외선으로부터의 방어가 되지 못하고 멜라닌이 표피층에 과하게 증가해서 피부의 색소 변화를 유도하는 것이다. 색소침착이란 일광을 받은 부위의 피부가 서서히 검게 되거나 기미와 잡티에 의하여 피부가 칙칙해지는 것을 말한다. 색소침착은 주로 자외선 A에 의해서 유발되는데 장파장의 자외선 B에 의해서도 생길 수 있다. 색소침착은 멜라노사이트의 항진기능으로 정상보다 많이 생성된 멜라닌이 산화되고, 멜라닌 세포 내에 있던 멜라노솜이 기저세포로 빠르게 이동하기 때문에 일어나는 것이다. 색소침착은 장기간의 피부문제로 발전할 수 있다. 따라서 자외선이 피부에 투과하지 못하도록 하는 것이 깨끗하고 건강한 피부를 유지하는 길이다.

② **홍반반응**

피부가 자외선을 받아 얼굴이 붉어지는 현상으로 1차홍반과 지연홍반으로 나눌 수 있다. 1차홍반은 자외선이 히스타민 등의 혈관 확장 물질에 의해 혈관을 확장시키고 혈관벽의 투과력을 증가시키도록 하여서 생기는 홍반반응이다. 1차홍반은 자외선이 혈관벽에 작용하여 일시적으로 발생하는데 수 시간 후에는 원래 상태로 되돌아온다. 즉 자외선이 아주 강하지 않으면 잠시 얼굴이 붉어졌다가 없어진다. 한편 지연홍반은 자외선에 노출된 후 바로 반응이 보이지 않다가 30분에서 4시간이 지나면 얼굴이 붉어져서 지속된다. 오랫동안 자외선에 피부를 노출시키면 붉음증이 심하고 열이 나며 혈관의 확장이 현저하게 나타난다. 증상이 심하면 부종과 물집이 생기며 과민성 반응을 보인다. 정상적인 회복을 위하여 관리를 하면 피부재생률이 증가되면서 점차적으로 표피의 두께가 정상으로 돌아온다. 표피의 두께가 두꺼워지는 것은 외부의 자극 및 자외선에 대한 방어작용으로 나타나며, 두꺼워진 표피는 홍반이 사라진 후 박리되어 떨어져 나간다.

[그림 4-4] **자외선을 방어한 피부와 자외선을 받은 피부**

4) 자외선으로부터 피부를 보호하는 방법

피부가 자외선에 지속적으로 노출되면 색소침착, 홍반반응 및 피부 염증과 유사한 알레르기 등의 현상이 나타나므로 자외선으로부터 피부를 보호해야 한다. 자외선으로부터 피부를 방어하는 일은 피부의 노화방지를 위해 가장 중요한 일이다. 그 방법에는 다음과 같은 것들이 있다.

① 피부의 자외선 노출을 줄여야 한다. 특히 오전 11시에서 오후 2시 사이의 자외선이 강하므로 직접적인 노출을 피한다.

② 긴 옷이나 모자 등을 평소에 이용하면 자외선에 의한 피부손상을 막을 수 있다. 한편 해변이나 스키장에서 반사되는 자외선은 특별히 신경을 써야 한다.

③ 자외선 차단지수(Sun Protective Factor : SPF) 30 이상의 제품을 차단 시간에 맞게 사용한다.

*** SPF(Sun Protection Faction) : 자외선 차단 값**

$$SPF = \frac{\text{선크림을 바르고 홍반이 나타날 때까지 걸린 시간}}{\text{선크림을 바르지 않고 홍반이 나타날 때까지 걸린 시간}}$$

④ 기온이 내려가거나 날씨가 흐려도 자외선은 현저히 줄어들지 않는다. 구름이 낀 날에도 자외선은 50% 정도만 감소하므로 항상 피부를 보호해야 한다.

자외선 차단지수의 의미

자외선 차단지수는 피부를 태우지 않고 햇볕에 노출시킬 수 있는 시간을 예측하는 수치이다. 예를 들어 자외선 차단지수 15(SPF 15)라는 것은 자외선 차단제를 사용했을 때 150분이 지난 후에는 피부를 보호하지 못한다. 햇볕으로부터 차단할 수 있는 시간은 차단지수에 10분을 곱하여 계산한다. 즉, 자외선 차단지수가 15인 제품을 바른다면 15×10분=150분이 되므로 두 시간 반 정도 차단 효과가 있다고 할 수 있다. 차단제에 사용되는 성분에 따라 자외선 A(UV-A) 차단 성분 또는 자외선 B(UV-B) 차단 성분으로 구분되며 각기 작용이 다르다. 차단지수가 높을수록 주의 깊게 사용하여야 하지만 화장을 한 후 차단제를 덧바를 수 없을 때는 차단 시간을 계산하여 차단제를 선택해야 한다.

[Q25] 목과 손에도 자외선 차단제를 바르는 것이 좋은가?

A. '신체에서 가장 많이 자외선을 받는 부분은 얼굴이 아니다.' 라는 보고가 있다. 1990년 미국 로젠탈(Rosenthal) 박사의 논문결과에 따르면 캠프에 참가한 어린이들을 대상으로 실험한 결과 얼굴보다 팔과 목이 자외선에 더 많이 노출되었다. 따라서 야외 활동 시에는 신체의 모든 부분에 신경을 써야 한다. 특히 목과 손은 노화가 가장 빠른 신체 부위이다. 여성들의 나이를 말해주는 것이 목과 손이라는 말이 있듯이 이 부위에 자외선 차단제를 꼭 사용하도록 한다.

[Q26] 여름철의 해변가에서 더 잘 타는 이유는 무엇인가?

A. 해변가에서 모자나 양산을 쓴다고 해도 자외선을 완전히 차단하지 못한다. 더구나 모래는 15~20%, 수면의 경우 100%의 자외선을 반사하는데, 특히 아랫부분에서 반사된 자외선은 피부에 그대로 노출되기 때문에 여름철 해변에서 타는 것은 피부에 더 큰 손상이 간다.

(2) 연령의 증가

나이가 들면 한선과 피지선의 변화가 시작되고 피부 표피가 건조해진다. 표피 아래 진피의 두께도 20% 정도 감소되어 피부를 잡으면 탄력이 없어서 쉽게 늘어난다. 피부의 노화는 갱년기 이후에 급격하게 변화하는 호르몬의 영향이 매우 크다. 여성은 폐경을 정점으로 피부의 노화가 가속화된다. 탄력섬유의 합성을 돕는 에스트로겐 등의 분비가 급격하게 저하되면서 피부 결이 건성화되며, 피부톤은 칙칙하고 불규칙하게 변한다. 젊었을 때 20개 층인 피부 각질층은 나이가 들면서 40~50개 층으로 늘어난다. 반면에 표피층은 얇아져 혈관이 확장되고 피부 아래쪽에 있는 실핏줄이 드러나 보이기도 한다. 또한 연령이 증가함에 따라서 피부의 노화는 주름살, 검버섯과 같은 잡티, 모공 확장, 탄력 저하 등의 현상으로 나타난다.

1) 연령에 따른 피부의 특징과 관리

나이에 따라 피부의 특성이 다르기 때문에 연령대별로 알맞은 관리를 꾸준히 하는 것이 중요하다. 나이가 증가하면서 생기는 생리적 변화를 막을 수는 없고 연령노화의 현상을 절대적으로 피할 수는 없지만 적절한 관리는 피부노화의 속도를 지연시킬 수 있다.

나이에 따른 피부의 관리는 아래와 같다.

① 10대의 피부

- 피부의 기능이 좋아서 윤기 있는 상태이므로 클렌징에 신경 쓰면 좋은 피부의 유지가 가능하다.
- 여드름 등이 생길 수 있으므로 피지조절 관리에 신경 써야 한다.

② 20대의 피부

- 피부를 검고 약하게 만드는 자외선으로부터 보호한다.
- 20대 후반엔 기능이 저하되기 시작하므로 가끔 피부관리에 신경 쓴다.
- 외부 환경 변화에 따른 피부상태를 세심하게 파악하여 화장품을 선택한다.

③ 30~60대의 피부

- 자외선 차단제를 꼭 사용하여 피부를 보호한다.
- 피지 분비가 감소되고 있으므로 세안제의 선택에 각별히 주의한다.
- 1주일에 2~3회 노폐물을 제거하는 팩과 보습 및 영양을 주는 팩을 사용한다.
- 천연 보습인자가 감소하므로 수분과 영양공급에 특별히 신경을 쓴다.

[표 4-1] **나이에 따라 달라지는 피부의 특징**

나 이	특 징
10대	• 혈액 순환이 잘 되므로 피부 결이 섬세하고 탄력이 있으며 윤기 있는 피부 • 활발한 신진대사와 호르몬 변화로 여드름이 생길 가능성 있음
20대	• 관리의 정도에 따라 20대 후반에 노화가 시작 • 콜라겐, 엘라스틴 섬유의 유지가 중요 • 피하 조직량이 조금씩 감소
30대 ↓ 60대	• 대부분의 생리 대사 기능 저하 • 피부 보습인자의 저하로 건성화되며 주름이 보이기 시작 • 자율신경 약화로 외부의 자극에 예민 • 색소가 침착되기 쉬워, 기미, 검버섯, 잡티가 생김 • 성 호르몬의 감소로 피부의 혈관 확장

2) 노화 예방을 위한 영양소

나이가 많아짐에 따라 신체의 전반적인 기능은 서서히 약화되고 신진대사도 저하된다. 특히 무릎의 연골 퇴화로 다리의 기능이 저하되고 뼈가 약해져 골다공증의 현상도 유발된다. 피부의 수분은 부족하고 탄력이 줄어들고 조금만 피곤해도 피부가 칙칙해진다. 이러한 현상들을 보완하기 위해서는 세포의 생성을 돕는 비타민 A와 피부노화를 막는 비타민 E를 섭취해야 한다. 또한 신진대사를 활성화시키는 단백질과 무기질이 함유된 식품을 꾸준히 섭취하는 것이 바람직하다. 노화를 방지하는 식품군으로는 비타민, 무기질, 단백질 식품 등이 있으며 급원 식품으로는 과일류, 야채류, 곡류, 두류, 배아류, 참깨 등이다.

또한 건강하고 아름다운 피부를 위하여 노화된 피부의 관리는 보습, 탄력, 주름에 중점을 두어야 한다. 주로 콜라겐, 천연 보습인자, 비타민 A, E가 함유된 식품, 또 항산화성분이 함유된 식품을 충분히 섭취하는 것이 좋다. 나이가 들어 근육의 움직임에 따라 주름이 생기는 것은 피할 수 없지만 곱게 피부를 잘 관리하는 것이 노후의 아름다움을 유지하는 길이다.

3) 노화 예방을 위한 생활 습관

균형 있는 영양 섭취, 유산소 운동, 규칙적인 운동, 정신적인 편안함은 노화 방지에 많은 도움이 된다.

평소 접하는 식품 중 노화 예방을 위한 급원 식품

① **달걀 :** 노른자의 레시틴 성분은 보습효과가 뛰어나 피부에 윤기를 준다.

② **당근 :** 비타민 A, 비타민 C가 많이 함유되어 있다. 당근에 많이 함유되어 있는 β-카로틴은 항산화작용이 뛰어나 유해산소의 생성을 예방한다.

③ **브로콜리 :** 노화방지 기능이 뛰어난 것으로 알려져 있으며 비타민 C의 함량이 토마토의 8배이다. 비타민 E의 함량도 매우 높다.

④ **단호박 :** 호박은 노화방지에 효능이 있는 비타민 E와 β-카로틴이 풍부해서 좋은 피부를 유지해 주는 식품이다.

⑤ 모든 야채와 과일류, 콜라겐 함유식품 : 피부보호와 세포재생에 도움을 준다.

① 즐거운 마음으로 생활하는 것이 세로토닌을 분비시킨다.
② 규칙적이고 적절한 운동으로 산소를 공급받아야 한다.
③ 술, 담배를 피하고 야채나 과일을 즐긴다.
④ 고지방 식사는 혈액순환을 방해하므로 제한한다.
⑤ 피로가 누적되면 산성체질로 변하므로 적절한 휴식을 취한다.
⑥ 인스턴트 식품이나 패스트 푸드, 가공 식품의 섭취를 줄인다.
⑦ 신선한 과일과 채소, 단백질 식품, 해조류를 많이 섭취하고 하루 3끼 식사를 규칙적으로 한다.

노화의 요인에 따른 예방법

① 자외선 차단제를 꾸준히 사용한다.

피부노화와 기미 등 잡티의 가장 큰 원인은 자외선이다. 베란다에서 세탁물을 널거나 유리창이 있어도 자외선은 항상 존재하고 오전 11시~오후 2시까지는 자외선이 강한 시간이므로 특히 주의한다. 특히 등산이나 스포츠를 할 때에는 자외선 차단에 더 신경 써야 한다. 건강한 피부를 유지하기 위해서는 스킨, 로션을 바르듯 자외선 차단제를 꾸준히 바르는 것이 필요하다.

② 보습제와 영양을 공급한다.

연령이 증가하면 수분손실로 피부가 건조해진다. 유아기는 수분이 체중의 75%, 30세에는 60%, 70세에는 50%로 줄어든다. 피부는 표피, 진피, 피하조직의 3층으로 되어 있는데 이 중 표피 가장 바깥쪽의 각질층에 포함된 NMF(천연보습인자)가 수분을 유지하는 역할을 한다. 그런데 나이가 들수록 NMF의 기능이 저하되어 수분 · 유분의 밸런스가 깨져서 피부가 건조해지고 거칠어지게 되는 것이다. 보습효과가 높은 스킨케어로 수분을 충분히 보급하고 영양을 주어야 한다.

③ 흡연과 스트레스 등 외부환경은 유해산소를 증가시킨다.

흡연은 세포 호흡을 막고 혈액순환을 방해한다. 피부세포가 필요로 하는 영양공급을 차단하고 노폐물 제거까지 방해한다. 또 벤조피렌이라는 화학물질이 방출되어 비타민 C를 파괴한다. 흡연은 노화의 지름길이다. 또한 스트레스를 받으면 쉽게 피로를 느끼고 신체에 유해산소가 증가한다. 따라서 유해산소의 생성을 억제하는 생활 습관을 유지해야 한다.

(3) 산화와 활성산소

인체에는 산화 촉진물(Pro-Oxidants)과 산화 억제물질(Anti-Oxidants)들이 균형을 이루고 있다. 하지만 이러한 균형이 깨어져 산화 쪽으로 기울게 되면 세포에 유해한 영향을 주는 것으로 알려져 있다. 이런 유해한 작용을 산화적 스트레스(Oxidative Stress)라고 부른다. 최근 환경오염의 증가와 스트레스는 산화를 촉진시키며 이러한 손상으로부터 유해산소가 생성되어 노화와 질병을 유발한다. 따라서 산화방지를 위한 노력의 일환으로서 많은 방법이 제안되고 있다.

항산화 작용은 한 가지 영양소의 역할이 아니며 여러 가지 비타민, 무기질, 그밖의 환경적 요인들에 의해서 가능하다. 균형 있는 영양소의 섭취로 체내의 영양환경이 좋을 때 신체는 산화에 의한 영향을 덜 받게 된다. 생명이 유지되는 동안 산소는 필요한 성분이지만 체내에서는 반응력이 큰 산소화합물들(Reactive Oxygen Species : ROS)이 계속 생성되고 있다. 생명체 세포의 일반 대사과정에서 생겨나는 이 과산화물질이 정상일 때는 항산화 작용을 하는 물질들과 균형을 이루게 된다. 그러나 체내에 항산화 물질이 부족할 때 이런 과산화물질은 체내에서 유해하게 나타날 수 있으며 나아가 노화와 질병을 유발하는 것이다.

활성산소를 잡아 주는 항산화물 : 파이토케미컬

노화를 예방하는 파이토케미컬(Phytochemical : 생리활성물질)은 과일과 채소의 색소에 주로 포함되어 있다. 이 성분을 충분히 섭취하면 신체기능을 최대로 유지하고, 노화를 늦추며, 암과 심혈관계 질병, 골다공증 및 기타 만성 질병의 예방에 효과가 있다.

파이토케미컬의 'Phyti-'는 식물(Plant)이라는 그리스 어원을 가지고 있다. 즉, 파이토케미컬은 식물성 식품에 미량으로 존재하는 성분들로, 건강에 유익한 생리활성을 가지고 있다. 파이토케미컬을 'Fight-O-Chemical'이라고 재미있게 표현하기도 하는데 식물의 색을 결정하는 파이토케미컬은 식물 자신이 벌레와 세균 등을 막아내기 위해 생성되었다는 의미이다. 파이토케미컬은 신선한 과일과 채소, 콩류에 많이 존재한다.

한편 이 식품들은 항상화제인 카로티노이드와 플라보노이드를 함유하고 항암성분인 페놀, 탄닌 성분 등이 풍부하므로 건강을 위한 대표적인 식품군이다.

[Q27] 담배의 니코틴이 정말로 피부에 영향을 줄까?

A. 오랫동안 담배를 피우는 여성들은 피부가 칙칙해 보이고 혈색이 좋지 않으며 잔주름이 두드러지게 나타난다. 니코틴은 피부에 영양소를 공급하는 말초혈관을 축소시킴으로써 피부의 혈색을 나쁘게 한다. 또한 피부의 탄력을 담당하는 피부 진피층의 콜라겐이 파괴되고 콜라겐 합성이 저하되어 주름이 생긴다. 또한 엘라스틴은 피부를 평평하게 잡아 당겨 주는 역할을 하는데, 니코틴이 섬유의 변성을 초래하여서 다시 제자리로 돌아오는 탄성을 저하시키므로 탄력이 없고 생기 없는 피부가 된다.

한편 음식, 햇볕, 흡연, 산소의 결핍, 운동부족과 같은 외부의 환경으로 인해 몸에 산화를 일으키는 유해성분이 생기는데 그것을 활성산소라고 한다. 몸을 노화시키는 이 성분은 과산화 지질로 세포를 둘러싼 막의 인지질이 산화된 것이다. 피부의 문제와 성인병 등 노화현상을 일으키는 활성산소가 많아지면 피부에 탄력이 저하되어 피부가 처지게 된다. 또한 안색이 투명하지 못하며 얼굴이 거칠어지기도 한다. 신체의 림프를 통하여 노폐물 및 독소를 제거하고 에어로빅이나 조깅, 수영 등의 유산소 운동을 하는 것이 활성산소의 생성을 억제하는 방법이다.

3. 주름

피부의 젊음에 영향을 주는 콜라겐이 변질되어서 빠져나가면 그 자리에 주름이 생긴다. 주름은 연령의 증가와 생리적 변화, 외부환경의 요인에 의한 것이며, 주름이 생기는 부위별 원인은 [그림 4-5]에 제시된 바와 같다.

대부분 주름은 피부를 어떻게 관리하느냐에 따라서 주름이 생기는 시기와 주름의 정도를 조절할 수 있다. 즉 변질된 콜라겐을 분해시켜 없애 주고 새로운 콜라겐을 재생시킴으로써 주름 예방이 가능하다. 주름에 관여하는 영양성분으로는 비타민 A, 비타민 B군, 비타민 C, 비타민 E, 아연, 셀레늄, 시스테인 등이다.

최근 보톡스 성분으로 근육을 퇴화시켜서 주름을 개선시키는 시술이 유행하지만 주름은 노화가 촉진되기 전에 미리 예방을 하는 것이 더 현명하다. 단, 주름이 있더라도 나이에 맞게 잘 관리된 고운 얼굴은 세월의 흔적을 말하는 아름다움의 표시이기도 하다.

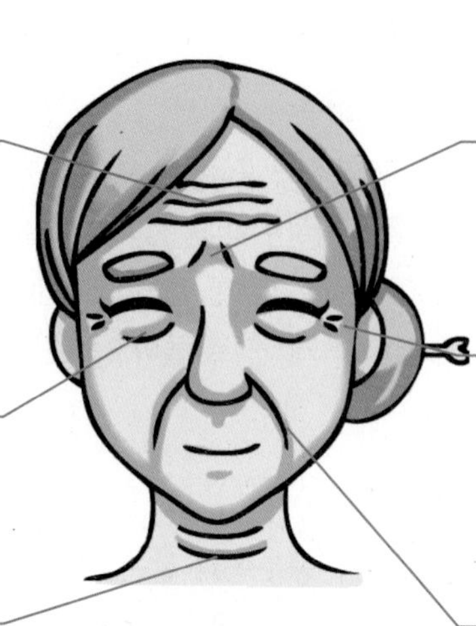

[그림 4-5] **주름이 생기는 요인**

[Q28] 화장품에 함유되었다고 광고하는 코엔자임 Q10은 무엇인가?

A. 세포 내 에너지 생산과정에 관계되는 효소의 작용을 돕는 보조효소로 비타민과 같이 중요하다고 하여 비타민 Q라고도 한다. 여성이 폐경기나 나이를 먹으면 코엔자임 Q10이 현저하게 감소되어 피부노화의 생리적 병변이 생긴다. 코엔자임 Q10은 세포막 산화를 막으며 영양소 대사율을 좋게 하는 기능을 한다. 또한 비타민 C의 기능을 도우며 피부 신진대사를 돕는다. 등푸른 생선과 낙화생에 많이 함유되어 있다.

4. 기미

기미는 표피 기저층에서 멜라닌이 비정상적으로 과잉 생성됨으로써 유발되는 과색소 침착이다. 기미란 의학적으로는 이마, 양쪽 뺨, 눈 주위 등과 같이 햇볕에 노출되는 부위에 연한 갈색이나 암갈색 얼룩이 생기는 것을 말한다. 기미를 유발하는 멜라닌의 과잉 생성은 티로시나제에 의한 티로신의 산화로부터 유래되기 때문에 최근까지 미백제의 연구를 티로시나제의 억제를 유도하는 것에 초점을 맞추고 있다. 한편 색소 침착은 자외선, 호르몬의 불균형이 가장 큰 원인이며 노화와 함께 촉진된다. 현대사회의 나이 든 여성들에게 기미의 얼룩은 심각한 고민거리로 여겨지고 있다.

기미가 생기는 원인은 아래와 같다.

① 여성호르몬, 경구피임약 등의 복용에 의하여 발생된다. 이미 기미가 있는 경우엔 색이 더욱 진해지는데, 이는 난소 호르몬이 멜라닌 세포에 대하여 항진 기능이 있기 때문이다.

② 멜라닌 색소세포 자극 호르몬(Melanocyte Stimulating Hormone : MSH)의 분비가 임신 시에 증가하여 기미가 생기는 사람들이 많다.

③ 부신피질의 기능 저하로 인해 발생할 수 있다.

④ 레이저 시술 후의 관리 소홀과 자외선 노출에 의해 발생할 수 있다.

기미가 생긴 피부는 그 부위가 넓게 퍼지거나 자외선으로 인해 더욱 진해지지 않도록 주의해야 한다. 특히 미백효과가 좋은 비타민 식품을 충분히 섭취하고 꾸준한 피부관리를 하는 것이 필요한데, 기미 예방 및 치료에 도움이 되는 방법은 아래와 같다.

① **오이팩, 레몬팩 등 과일팩** - 미백효과가 뛰어나서 기미 피부의 회복에 도움이 된다.

② **비타민 C 급원 식품** - 멜라닌 색소로 인한 진한 피부색을 엷게 환원시키는 효과가 있으므로 신선한 채소와 과일류를 충분하게 섭취하면 기미의 예방 및 치료에 도움이 된다. 비타민 C는 티로시나제의 활성을 억제시켜 과도한 멜라닌의 생성을 조절한다.

③ **비타민 E 급원 식품** - 참깨, 시금치, 대두, 배아 등은 호르몬의 균형과 혈액순환을 조절하여 기미를 예방한다. 또한 신진대사를 향상시켜 진피에 자리잡은 멜라닌의 파괴를 촉진시킨다.

④ 지나친 가공식품이나 지방의 섭취, 변비, 간질환, 수면부족, 스트레스 등으로 대사기능이 떨어지면 기미가 생기기 쉬우므로 바람직한 생활 습관을 유지한다.

제 2 장

체형관리, 비만과 영양

세계보건기구(WHO)에서는 비만인구가 5년마다 두 배씩 증가하고 있다는 보고를 하면서 비만을 지구의 심각한 보건문제 중의 하나인 만성질환이라고 강조하였다. 우리나라에서도 2010년 국민건강영양조사의 발표에 의하면 성인 비만율이 30.8%로 성인 3명 가운데 한 명이 비만이다. 경제 수준의 향상과 함께 서구화된 식습관으로 점점 증가하고 있은 비만은 우리가 깊은 관심을 가져야 하는 질병 중의 하나가 되었다.

1. 체형의 판정

(1) 비만의 평가

비만은 단순히 체중이 많이 나가는 것을 뜻하는 것이 아니라 섭취 열량과 소비 열량의 불균형으로 지방이 과다하게 축적된 것을 의미한다. 비만은 체지방량을 측정함으로써 진단할 수 있는데 신체계측을 통한 간접적인 측정이 많이 이용된다. 최근에는 다양한 체성분 분석기를 이용하여 비만을 평가하고 있다.

비만을 진단하고 평가하는 방법으로는 체중 및 신장을 이용하는 전통적인 방법, 체지방을 세밀하게 측정하는 방법, 지방 분포를 분석하는 방법 등이 있다. 많은 사람을 한꺼번에 평가하는 경우 체중 및 신장을 이용한 방법이 널리 사용되고 있으며, 치료를 위한 개인의 평가 시에는 정밀한 체지방 분석을 통하여 비만을 평가한다.

1) 신체질량지수(Body Mass Index : BMI)

신체질량지수(BMI)는 체지방의 정도를 간편하게 반영할 수 있어서 널리 사용되는 지표이며 [표 4-2]의 계산공식에 따라 측정할 수 있다. BMI는 자신의 체지방량이 유발하는 위험 정도를 알아보는 데 기준이 된다. [표 4-3]에서는 한국인 기준의 BMI 판정기준과 건강상태에 대하여 설명하고 있다. 판정기준은 성인의 경우 20~25는 정상이고, 30 이상이면 비만으로 판정한다.

[표 4-2] **신체질량지수 계산 공식**

BMI = 체중(kg)/신장^2(m^2)

[표 4-3] **BMI 판정 및 결과**

BMI	판정	건강상태
16.5 이하	저체중	감염성 질환, 영양불량, 골다공증, 월경 이상, 갑상선기능 이상, 피부노화 등과 관련 증상
20~25	정상	가장 건강한 체중 상태, 질병발병률 적음
25~29.9	과체중 또는 비만 가능성	과체중 또는 비만 가능성, 비만으로 인한 건강상의 문제와 다른 질병의 유발 가능성
30 이상	비만	심장 질환, 고혈압, 당뇨병과 같은 성인병 질환의 위험률이 증가함

아시아인의 경우에는 BMI가 23이 넘으면 보통 과체중으로 분류한다. 따라서 BMI 25 이상에서는 비만의 위험률이 더욱 증가할 수 있으므로 우리나라 사람은 BMI를 20~23으로 유지하는 것이 바람직하다. 아시아인에게는 비만의 기준이 세계 기준과 조금 다르게 정해져 있어서 [그림 4-6]에 제시하였다. BMI가 30 이상이 되면 질병의 위험률도 같이 증가하고 있음을 보여주고 있다.

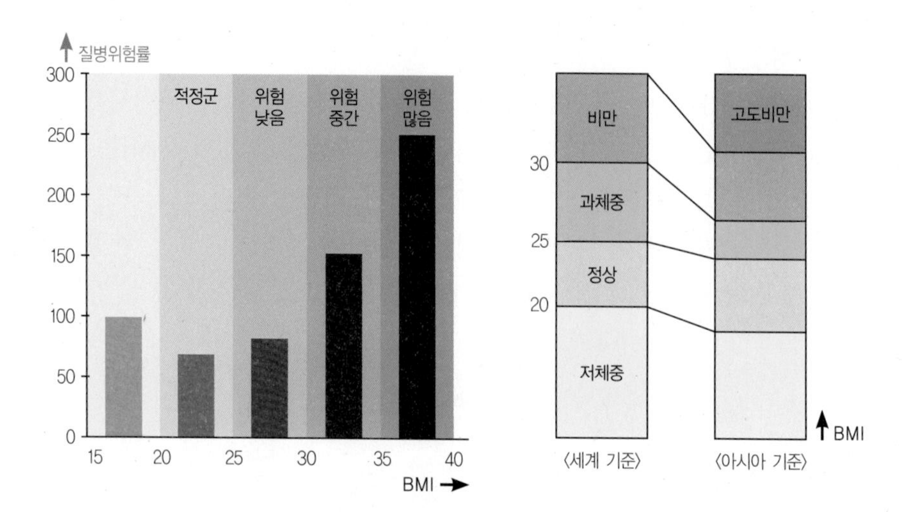

[그림 4-6] **BMI에 의한 질병 위험률**

2) 표준체중을 이용한 비만도(상대체중, Relative weight)

표준체중은 가장 건강한 생활을 하기 위하여 요구되는 체중으로서 [표 4-4]의 브로카(Broca)법이 흔히 이용되며, 표준체중의 20%가 초과되는 것을 비만이라 한다. 상대체중은 실제체중의 표준체중에 대한 비율로서, 과체중 및 비만을 평가하는 기준이 된다. [표 4-6]의 로러(Rohrer)지수 등과 같은 간이 판정법도 사용된다.

[표 4-4] **비만도 및 표준체중 계산 공식**

비만도(%) = (실제체중 / 표준체중) × 100

표중체중 = (신장cm − 100) × 0.9

3) 피하지방 두께 측정에 따른 체지방량

비만이란 체지방이 과다하게 축적되어 있는 상태로서 지방의 약 50%는 피하에 위치하므로 피하의 두께를 측정하여 신체의 지방량을 측정하는 방법이 많이 사용되어 왔다. 피하지방 두께를 측정하는 방법은 단순하지만 실제로 정확한 결과를 얻기 위하여 캘리퍼 측정에 대한 지식과 숙련된 사용법이 요구된다. 또한 캘리퍼로 피하지방 두께를 측정하여 체지방량을 분석할 때는 지방의 분포를

[표 4-5] 비만도에 따른 분류

분류	상대체중
저체중	< 90%
정상	90 ~ 110%
과체중	110 ~ 120%
경도비만	120 ~ 140%
중등도비만	140 ~ 200%
고도비만	> 200%

[표 4-6] 비만의 간이 판정법(체중은 kg, 신장은 cm 단위)

판정법	방법	적용과 판정
브로카(Broca) 지수	표준체중 = (신장 − 100) × 0.9 $\frac{\text{체중}}{\text{표준체중}} \times 100$	90 이하 : 체중부족 90~120 : 정상 120 초과 : 비만
케틀레(Quetelet) 지수 [카우프(Kaup) 지수]	$\frac{\text{체중}}{\text{신장}^2} \times 10^4$	19.1 이하 : 체중부족 19.1~25.4 : 정상 25.4 초과 : 비만
로러(Rohrer) 지수	$\frac{\text{체중}}{\text{신장}^3} \times 10^7$	100 이하 : 체중부족 100~160 : 정상 160 초과 : 비만

[표 4-7] 체지방량에 의한 비만의 기준

분류	체지방	
	남	여
정상	8 ~ 16%	20 ~ 25%
경계	17 ~ 20%	26 ~ 30%
비만	> 20%	> 30%

고려해야 하고 측정치의 정확한 산출과 판정이 중요하다. 지방량은 성별에 따라 차이를 보인다. 여자는 남자보다 지방량이 평균적으로 많은 편이며, 남자는 같은 체중에서도 근육량이 더 높은 편이다. 연령이 증가하면서 체중이 증가하는 경향을 보이지만 체중이 일정하더라도 체지방은 증가하게 된다. 남녀 체지방량에 의한 비만의 기준은 [표 4-7]에 제시된 바와 같다.

4) 복부비만의 판정(허리둘레와 엉덩이둘레의 비)

복부비만을 예측하는 간단한 방법으로는 '허리-엉덩이둘레 비'를 이용한다. 남성은 0.95, 여성은 0.85 이상이면 복부비만으로 판정을 내린다. 남성형 비만은 일반적으로 상복부에 지방축적이 많고, 여성은 엉덩이에 지방함량이 높은 것이 일반적이다. 복부형 비만은 둔부형 비만보다 성인병의 위험이 훨씬 높다. 최근에는 허리둘레가 '허리-엉덩이둘레 비' 에 비해 복부 지방량을 더 잘 반영한다고 하여서 허리둘레만으로 복부비만을 진단하는 경우가 많다. 여성의 경우 85cm 이상, 남성의 경우 90cm 이상이면 복부 비만으로 판정한다. 그러나 허리둘레를 측정할 경우 피하지방과 내장지방이 함께 포함될 수 있으므로 내장지방형 복부비만을 정확히 진단하기 위하여 전산화단층촬영장치(CT)를 이용한다.

5) 최근에 이용되는 체지방 측정법

① 생체전기 저항법(Bioeletrical Impedance Analysis) – 체성분분석기 측정법

인체에 일정한 전압이 주어지면 주파수에 따라 낮은 저항이 발생하고 이때 발생되는 임피던스는 체성분과 일정한 연관성을 보인다. 생체전기 저항법은 이 원리를 이용하여 체지방을 평가하는 방법인데, 체성분분석기를 통하여 간단하고 비교적 정확하게 체지방량을 측정할 수 있다. 일반적으로 단백질은 저장될 때 3~4배 많은 물을 저장하는 반면 지방은 단독으로 저장된다. 따라서 근육은 많은 수분을 함유하고 있으므로 지방과는 수분함량 및 무게의 차이가 크다. 그에 따라 서로 다른 전류의 흐름이 저항값의 차이를 가져오게 되고, 이 원리를 이용하여 신체의 근육량과 지방량을 측정하는 방법이다. 체성분 분석기는 전류를 통과시킬 수 있는 조직의 부피에 따라 변화하는 값을 일정한 공식에 산출하여서 쉽게 체지방량을 분석하도록 만들어져 있다. 편하게 체지방량을 측정할 수 있으나 비중법과 같은 직접 측정법보다는 정밀도가 낮은 것으로 보고되었다.

② 초음파법

초음파법은 신체 측정을 원하는 부위에 초음파기를 대면 자동으로 체지방량의 데이터가 나오도록 제작된 편리한 방법이다. 검사자가 모니터로 화면을 보면서 지방층을 확인할 수 있고 검사 중 피부에 가해지는 압력과 근육의 수축을 고려할 수 있다. 피하지방 두께를 캘리퍼로 측정하여 체지방량을 산출했던 방법보다 신뢰도가 낮아서 부위별 정확한 측정을 위하여 보완이 필요한 실정이다. 하지만 초음파법은 피하지방 두께 측정의 오류를 줄였고 캘리퍼를 정확히 사용해야 하는 불편함을 대신하고 있다. 또한 측정이 힘들었던 고도비만자의 지방량도 측정할 수 있는 장점이 있다.

③ 전산화단층촬영

전산화 단층촬영은 지방층을 화상으로 직접 볼 수 있는 가장 좋은 방법으로 보고되고 있다. 이 방법은 피하지방, 내장지방의 지방량을 각각 알 수 있고 신체부위별 지방량을 측정할 수 있다. 몇 부위의 지방을 연속으로 측정한 후 일정한 공식에 따라 산출하면 총 체지방의 부피를 계산할 수도 있다. 단 정확한 체지방량을 측정하기 위해서는 여러 부위를 촬영해야 하므로 고가의 비용이 들어서 아직 보편화되지 않았다.

2. 비만의 정의와 분류

(1) 비만의 정의

비만은 단순히 체중이 많이 나가는 것을 의미하지 않고 체내의 지방 축적으로 인해 체지방률이 정상보다 높은 것을 의미한다. 그러므로 운동을 많이 하는 사람의 근육량이 증가되어서 체중이 늘어나는 것은 비만이 아니다. 체지방은 체온을 유지하고 활동에너지로 체내에서 이용된다. 또한 외부의 충격을 흡수하여 신체를 보호하는 등 중요한 기능을 하는 성분이다. 하지만 체지방이 체내에 필요 이상으로 축적되어 비만 상태에 이르면 고혈압과 당뇨 그리고 관상동맥질환 등 유병률이 매우 높아지게 된다. 일반적으로 남성은 체지방이 20% 초과일 때, 여성은 30% 초과일 때를 비만이라고 정의한다.

소아기 비만이 성인기 비만보다 더 위험하다

비만은 지방세포 수의 증가나 지방세포의 크기가 증가하는 것으로 발생된다. 사춘기 이전에는 주로 지방세포의 수가 증가하여 체지방률이 높아지지만 사춘기 이후로는 세포의 수는 증가하지 않고 지방세포의 크기만 증가한다. 따라서 성인기에 유발된 비만은 세포의 크기를 줄이는 치료가 가능하다. 그러나 소아기 비만은 성인기까지 증가한 지방세포 수를 유지하게 되어서 치료가 매우 힘들다. 지방세포가 비대해지거나 세포수가 증가하는 이유에 대해서는 유전, 영양과잉 때문이라는 연구가 많으며, 소아기 및 유년기에 증가된 지방세포 수를 감소시키는 것은 쉽지 않다. 따라서 소아기 비만에 더욱 관심을 가져야 한다.

(2) 비만의 원인

특별한 질환이나 내분비의 문제가 없는데 과식이나 활동량 부족에 의하여 생긴 비만을 단순성 비만 또는 본래성 비만이라고 하고, 원인 질환에 의해 비만이 유발된 것을 증후성 비만이라고 한다. 비만인 사람의 95%는 섭취열량과 소비열량의 불균형이 초래한 단순성 비만이다. 또한 비만은 일반적으로 시상하부 조절중추의 장애에 의하여 음식의 섭취량이 과해져서 일어나는 조절성 비만과 대사의 이상에 의해 발생되는 대사성 비만으로도 분류하고 있다. 비만의 발생 원인은 [그림 4-7]에 제시된 바와 같이 유전적 요인, 환경적 요인, 식사습관 및

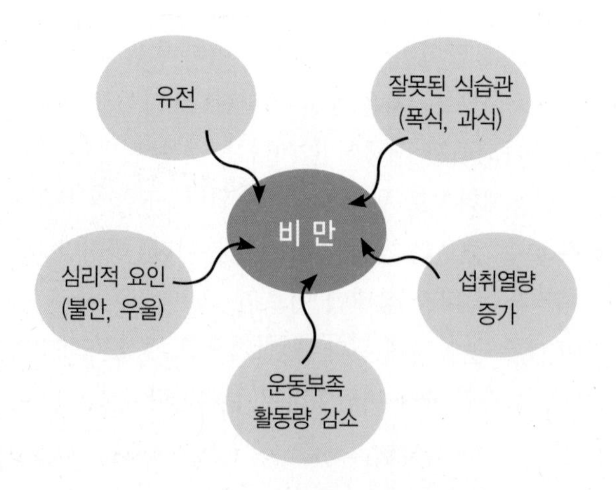

[그림 4-7] 비만의 원인

운동부족 등이다.

1) 유전적 요인

비만에 대한 유전적인 확률을 보면, 부모가 모두 비만일 때 자식이 비만에 걸릴 확률은 약 70%이고, 부모의 한쪽이 비만일 때의 발생 가능성은 약 40%이다. 또 부모가 모두 비만이 아닐 경우에는 자식이 비만에 걸릴 확률이 약 10%이다. 단 비만은 가족의 식생활 방식과도 관련이 있으므로 이 현상을 유전만으로 설명하는 것은 무리가 있다.

2) 섭취열량 증가

에너지 섭취의 조절은 자율신경에 의해 이루어진다. 이 자율신경의 조절기능이 저하되면 섭취에 대한 욕구의 억제가 힘들어지고 폭식과 영양과잉의 원인이 된다. 교감신경계는 에너지 소비 기관인 갈색 지방조직에서 지방대사 및 포도당 대사를 촉진하여 열 생산을 증가시키므로 그 기능 저하는 조직에서 에너지 소비를 감소시킨다. 따라서 체내 에너지 대사에 교감신경의 중요성이 강조되고 있다.

3) 잘못된 식습관

식사습관 등의 환경적 요인도 비만을 일으키는 주요 원인이다. 식사의 내용 및 섭취방법 등이 문제가 되며, 특히 잦은 간식이나 야식을 즐기는 잘못된 습관은 비만과 깊은 관계가 있다. 또한, 어렸을 때 비만인 사람은 성인기에도 비만이 될 가능성이 많으므로 소아기에 비만이었던 사람은 식사조절을 철저히 하여 비만을 치료해야 한다.

4) 에너지 소비부족

적절한 에너지를 섭취하더라도 활동량의 부족으로 에너지 소모가 감소하면 비만이 유발된다. 비만인들의 대부분은 움직이는 것을 싫어하며 운동이 부족한 소극적 생활을 하는 경우가 많다. 따라서 비만을 예방하기 위해서는 신체의 활동을 늘려서 섭취에너지를 더 많이 소모시키는 것이 바람직하다. 즉 적당한 활동과 규칙적인 운동이 비만 예방을 위한 지름길이다.

5) 내분비 장애와 질병

내분비 장애에 의한 비만은 전체 비만의 약 1% 이하로서 비교적 발생빈도가

낮다. 내분비 기능이 비정상적이거나 대사 이상 질환이 생기면 신체에서 호르몬의 Check & Balance 균형이 깨지게 된다. 또한 통증을 완화하고 질병을 치료하는 약제에 의하여 비만이 유발되기도 한다. 정형외과적 질환으로 허리가 아프거나 관절에 이상이 생기면 스테로이드제를 사용하게 되는데 스테로이드제는 식욕을 촉진시켜 지방축적을 유발할 가능성이 크다. 또한 기허증, 부종, 변비 등 소화성 질환이 있을 때도 신진대사가 떨어지고 노폐물의 배설이 되지 않아 과체중이 될 수 있다.

6) 비타민 B군의 섭취 부족

3대 영양소는 분해되어서 몸에 필요한 에너지의 공급원과 체조직의 성분으로 이용된다. 체내의 대사과정에서 보조인자가 충분하지 못하면 에너지의 대사과정이 방해를 받고 탄수화물은 지방으로 축적된다. 특히 탄수화물이 주식인 우리나라 사람들에게 비타민 B군이 결핍되면 탄수화물이 대사되는 경로에서 에너지로 쓰이지 못하고 피로물질과 지방으로 전환될 수 있다. 즉, 비타민 B군이 부족하면 한국인의 비만을 유발할 가능성이 커진다.

7) 수면 부족

밤에 잠을 자지 않으면 허기를 느끼게 되어 야식을 하게 된다. DIT(식사유도성 체열발생, 소화 흡수를 위한 자체에너지)가 가장 낮은 밤시간에 음식물을 섭취하는 습관은 비만을 유발한다. 잠을 자지 못하면 식욕억제 호르몬인 렙틴(Leptin)의 분비량이 적어지고 식욕을 자극하는 그렐린(Ghrelin)의 분비량은 증가한다. 또한 지방 분해에 관여하고 근육량을 증가시키는 성장호르몬의 분비가 감소하여 살이 찌게 된다.

8) 호르몬 요인

갑상선 기능 저하증, 쿠싱증후군 등에 의해 복부 지방이 유발되며 일부 내분비 질환에서 비만이 유발될 수 있다. 기전은 확실치 않으나 부신피질호르몬과 생식선호르몬도 비만과 밀접한 관련이 있는 것으로 알려져 있다.

9) 스트레스

심리적 장애, 사회 · 문화적 요인으로 생기는 스트레스나 불안은 코티솔과 같은 스트레스 호르몬을 증가시켜 수분대사와 지방대사를 방해한다. 세포 사이에 물을 보유하려는 경향으로 인하여 자주 부종이 나타나며 지방을 축적시킨다. 또한 스트레스 때문에 정신적 안정이 되지 않으면 스트레스 호르몬을 중화시키기 위하여 단 음식을 섭취하고 음식에 대한 욕구가 증가하므로 비만이 되기 쉽다.

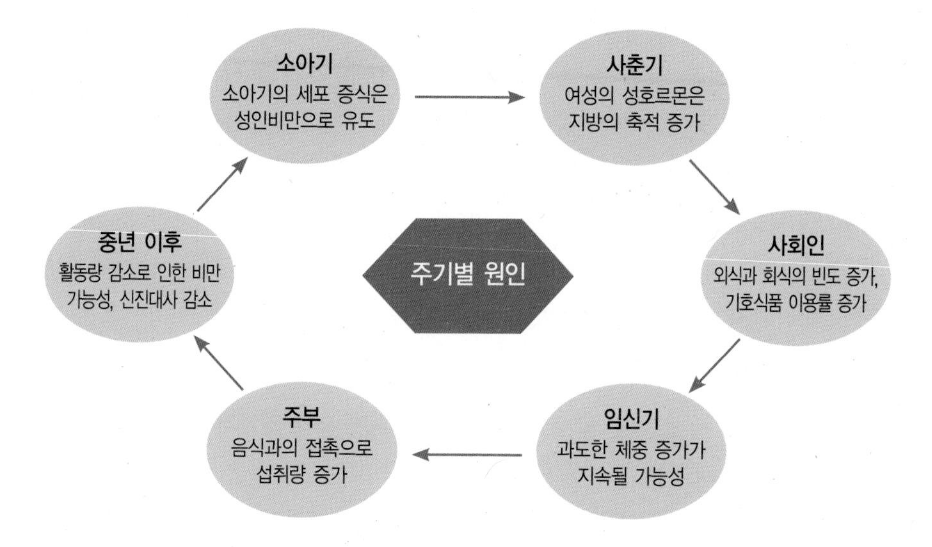

[그림 4-8] **주기별 원인**

[Q29] 물만 마셔도 살이 찐다는 사람, 그게 사실일까?

A. 사실이 아니다. 물을 많이 마셔야 살이 빠진다. 물은 노폐물 배설에 도움이 되며 콩팥에서 대사되면서 에너지를 소모한다. 한편 유산소 운동으로 인해 발생한 산소가 지방을 분해하듯이 수분은 포도당이 혈액 속에 남아 지방으로 전환되는 것을 막아 준다. 예를 들어 설거지를 할 때 물을 바꾸지 않고 그릇을 닦으면 나중엔 그릇이 닦이지 않고 찌꺼기가 엉킨 지저분한 상태가 된다. 이와 마찬가지로 체내의 신진대사율을 높이려면 체액이 깨끗해야 한다.

(3) 비만의 유형

1) 지방조직의 형태에 의한 분류

지방세포의 형태에 따라 비만을 분류할 수 있는데 지방세포의 수가 많은 경우, 지방세포의 수는 정상이지만 지방세포의 크기만 증가한 경우가 있다. 또한 지방세포의 수와 크기가 동시에 증가하는 유형도 볼 수 있다.

① 지방세포 증식형

지방세포의 크기는 정상이나 세포수의 증가에 의하여 발생하는 비만이다. 이는 '신체를 구성하는 성분 중 지방조직이 과잉으로 축적된 상태' 를 말한다. 지방세포의 수는 일생동안 계속 증가하는 것이 아니므로 소아기의 세포수 증식에 주의를 기울여야 한다. 만 2세 이하, 3~7세, 사춘기에 증식된 세포들은 살이 빠져도 그 세포수는 감소하지 않는다. 따라서 '지방세포 증식형 비만' 은 재발하기가 쉽고 또한 세포의 수가 어렸을 때부터 증가한 소아비만자는 성인이 되어서도 고도비만자가 되기 쉬우므로 더욱 관심을 기울여야 한다.

② 지방세포 비대형

지방세포 수는 정상인데 세포의 크기만 증가한 유형을 '지방세포비대형 비만' 이라고 한다. 대부분 성인에게서 발생하는 비만으로 이 유형은 사춘기 이후에 살이 찌고 연령이 증가함에 따라 신체가 비대해지지만 비만 관리와 치료를 하면 쉽게 비만의 개선 효과를 기대할 수 있다.

2) 체형에 의한 분류

신체조직에서 지방이 분포된 부위에 따라 분류하는 것으로서 상반신 비만과 하반신 비만으로 분류한다. [그림 4-9]에서 보는 바와 같이 주로 남성들은 상반신(사과형) 비만이 많고 여성들은 하반신(서양배형) 비만의 비율이 높다.

① 상반신(사과형) 비만

내장에 지방이 쌓여 있는 형태로서 주로 배가 나와 있기 때문에 둥근 사과 같은 체형을 이루고 있어서 사과형 비만이라고 불린다. 상반신 비만은 남성에게 많고 성인병(고혈압, 당뇨병)의 발병률이 높으나 규칙적인 운동을 통해 정상으로 회복될 수 있다. 상반신 비만은 관리를 하지 않으면 건강에 치명적인 영향을 주지만 나이가 들면서 지방세포의 크기가 일시적으로 증가한 것이므로 식이조절과 운동을 하면 체형관리가 가능하다.

② 하반신(서양배형) 비만

하반신 비만은 대퇴부와 엉덩이에 지방이 분포된 형태로서 여성에게 많이 발생하며 서양배형 비만이라고 불린다. 서양배형 비만은 내장 복부형 비만에 비하여 성인병에 걸릴 확률이 적지만 식이요법과 운동으로 초기에 관리하는 것이 바람직하다. 하체비만이 심해지면 정맥류의 증상이 나타날 수 있고 허벅지에 셀룰라이트가 증가된다. 한편 폐경기가 되면 지방이 복부로 이동하면서 상체비만의 확률이 높아지고, 따라서 당뇨병, 동맥경화증, 고혈압 등의 합병증이 유발될 수도 있다.

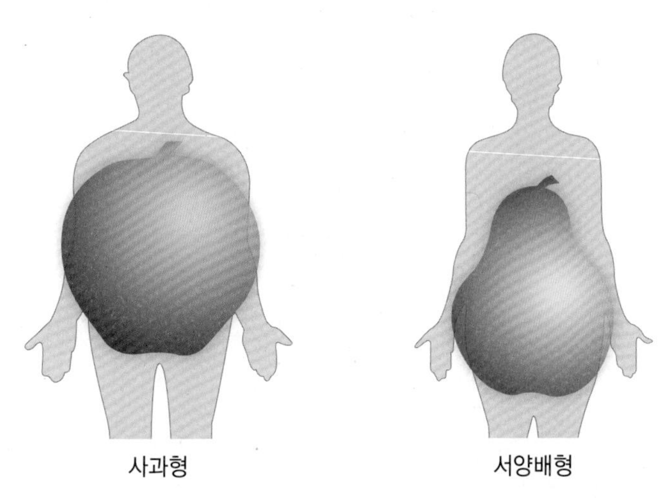

[그림 4-9] **상반신 비만(사과형)과 하반신 비만(서양배형)**

3) 복부지방의 분포 위치에 따른 분류

복부지방은 피하지방(피부 바로 밑의 지방)과 내장지방(신체의 장기 사이사이에 있는 지방)으로 나누어진다. 피하지방과 내장지방은 모두 지방조직에 중성지방 형태로 축적되며 내장지방이 피하지방보다 더 심각하여 건강에 미치는 영향이 크다.

① 피하지방

피하지방은 일반적으로 복부 부위의 피부 두께가 손가락에 의하여 쉽게 잡히는 지방이다. 피하지방은 미용적으로 문제가 되기 때문에 주로 살을 빼려고 하는 부위이며, 식이요법과 운동을 지속하면 지방량이 감소한다.

② 내장지방

인체의 장기 내부나 장기 사이의 빈 공간 등에 축적된 지방을 통틀어 내장지방이라고 한다. 몸이 마른 체형인데도 배만 볼록 튀어나와서 내장지방형 비만인 유형이 많으며 내장 주위에 축적된 지방은 성인병의 원인이 되므로 건강을 위협할 수 있다. 지금까지 보고된 통계자료에 의하면 피하지방형의 사람은 대부분 질병이 없는 반면에 내장형 비만자는 고지혈증, 당뇨병, 고혈압 등의 성인병을 보유하고 있다. 음주에 의한 알코올과 스트레스, 흡연 등도 내장비만을 일으키는 주요 원인으로 볼 수 있다. 내장비만의 간단한 진단은 복부와 허리둘레로 판정을 할 수 있으며 복부 CT(컴퓨터 단층촬영)를 통해 더 정확히 진단할 수 있다. [그림 4-10]에 제시된 바와 같이 내장지방형 비만은 장기 근처에 지방 세포가 퍼져 있음을 볼 수 있다.

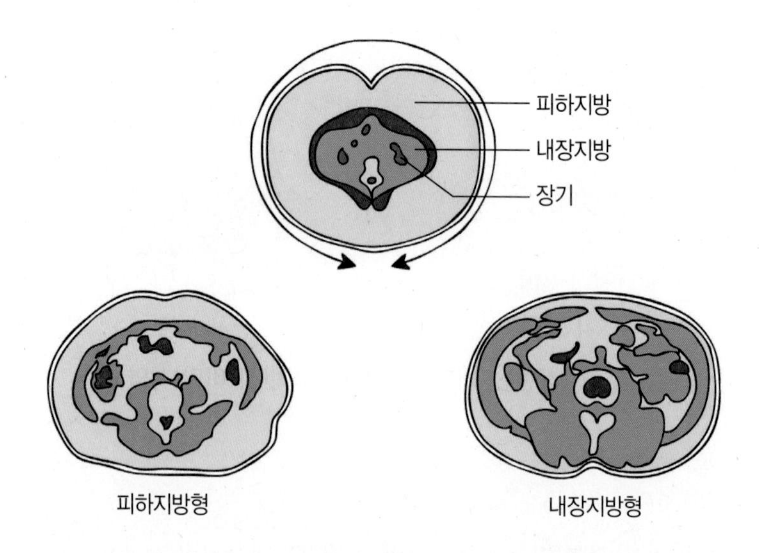

[그림 4-10] **피하지방형 비만과 내장지방형 비만**

3. 비만의 합병증

비만인 사람은 인슐린 비의존형의 당뇨병, 지질대사 이상증, 심근경색증 등의 합병증과 상관관계가 높은 것으로 알려져 있다. 또한 비만은 [표 4-8] 및 [그림 4-11]에서 보는 바와 같이 호흡기질환, 심장질환, 고혈압, 지방간, 담석

[표 4-8] **비만에 의한 합병증**

비만에 의한 합병증		
내과적 질환	순환기	신장질환, 고혈압, 고지혈증
	내분비 대사	인슐린 비의존형 당뇨병, 고지혈증
	소화기	지방간, 담낭질환, 췌장염
외과적 질환		관절염 및 허리질환
산부인과적 질환		유산, 불임증, 임신중독증

증, 관절질환, 동맥경화증, 고지혈증, 신장질환 등에 영향을 주며 점점 합병증이 많아지게 된다.

(1) 당뇨병

비만은 인슐린 비의존형 당뇨병의 가장 유력한 위험인자로 알려져 있다. 이는 음식물의 섭취가 포도당을 증가시킴으로써 혈당이 증가하고 이에 필요한 인슐린의 수치를 높이기 때문이다. 또한 췌장에서 분비된 인슐린이 작용하려면 우선 세포의 표면에 존재하는 수용체와 결합해야 하는데, 비만인 사람은 이 수

[Q30] 뚱뚱한 사람은 성격이 좋다는데 사실일까?

A. 비만 환자들은 성격이 원만하여서 살이 찌며 예민하고 날카로운 사람은 성질 때문에 살이 찔 수 없다는 속설이 있다. 뚱뚱한 사람들은 보통 잘 웃고 항상 낙천적으로 보인다. 그러나 사실은 그와 다르다. 살이 찐 사람들의 웃음은 마음 속의 우울과 불안, 갈등을 숨기기 위한 방어행위라고 한다. 비만 환자가 다이어트를 한 번 시작한 후 실패하면 쉽게 좌절하고 실망감에 빠져 포기하기 쉽다. 비만인은 불쾌감, 특히 우울증을 정확히 인식하지 못할 뿐만 아니라 이를 효과적으로 해결하지 못한다. 비만 환자들은 이런 감정들을 달래기 위하여 다시 과식하게 되므로 비만의 악순환을 반복한다. 비만 환자에게 있어 음식을 먹는 것은 말을 배우기 이전의 아기가 엄마의 품에 안기는 것과 같은 행위라고 한다. 비만인은 구강 행동의 주기(60분)가 정상인(90분)에 비해서 빠르다. 따라서 먹고자 하는 본능이 어린아이처럼 상승하는 것이 아닐까?

용체의 감소와 인슐린 기능의 저하로 저항이 나타나게 된다.

(2) 심혈관계 질환

고혈압, 심장비대는 비만으로 인하여 발생하는 대표적 질환이다. 비만인 경우 혈액을 공급하기 위해서 순환혈액량과 심장 박출량이 증가하게 된다. 이에 비해 말초혈관의 저항성은 정상 이상으로 증가되어 있어서 심장의 부담이 높아지고 결국 고혈압이 유발된다.

(3) 지질대사 이상

고지혈증이란 혈액 내에 콜레스테롤이나 중성지방의 함량이 높은 상태를 말한다. 특히 LDL-콜레스테롤이 증가하면 동맥경화증의 진행이 촉진되며, 혈액의 지방 덩어리가 혈관 내벽에 달라붙어 혈관이 좁아지게 된다. 이러한 현상을 동맥경화증이라 하는데, 심한 경우 뇌혈관이 막히거나 터지면 뇌졸중이 발생한다. 또한, 심장의 혈관이 좁아지거나 막히면 협심증이나 심근경색이 발생하게 된다.

(4) 지방간

과잉섭취로 인하여 남는 탄수화물은 글리코겐의 형태로 간에 저장되는데, 이렇게 반복되는 열량 불균형은 간에 무리를 주게 된다. 지방간이 심해지면 축적된 지방이 정상 간세포를 파괴하게 되므로 전신 권태와 피로감이 쉽게 나타나고 혈액검사상 간 기능 이상이 나타나게 된다.

[그림 4-11] **비만으로 인한 합병증**

(5) 호흡기계 질환

비만은 지방이 축적되어 신진대사의 물리적, 기계적 변화를 가져오므로 호흡 기능에도 문제를 유발할 수 있다. 비만은 불규칙적인 호흡, 주기적 무호흡을 유발할 수도 있다. 수면 시 무호흡 증후군은 수면 중 사망, 원인 불명인 부정맥의 원인이 된다.

4. 비만의 치료

비만을 치료하기 위해서는 지방조직에 축적된 지방을 에너지로 소비하여 체지방량을 낮추어야 한다. 하지만 비만을 완치하는 비율이 매우 낮다는 연구결과를 볼 때 요요 방지는 체중 감량보다 더 어렵다는 것을 알 수 있다.

따라서 비만을 치료하기 위해서는 식이요법과 운동요법을 장기적으로 지속해야 한다.

(1) 식이요법

식이요법은 기초대사량에 각자 활동량을 합산하여 계산된 필요열량보다 적은 양을 섭취하도록 해야 한다. 2010년 개정된 한국인 영양섭취기준에 의하면 영양소의 적정비율은 당질 55~70%, 단백질 7~20%, 지방질 15~25%이지만 비만자는 당질과 지방 식품을 줄이는 것으로 식사를 조절해야 한다. 정상인의 1일 권장필요에너지는 보통 남자의 경우 약 2,400~2,600kcal, 여자의 경우 약 1,900~2,100kcal인데 비만인 사람은 섭취 칼로리를 줄여서 체지방의 연소를 유도해야 한다.

식이요법을 실행하면 초기엔 체중이 많이 감소하다가 점점 체중의 변화가 둔화되는 현상을 볼 수 있다. 초기에는 부족한 에너지 대체원으로 몸에 저장되어 있던 당분을 이용하다가 시간이 지나면서 체지방을 연소시키게 된다. 일정기간 체중 감량 속도가 더뎌지는 것을 층계참 현상이라고 부른다. 잠깐 동안의 체중 정체기를 극복하여 식이요법을 지속하게 되면 체중 감량과 체지방 분해에 다시 가속이 붙는다. 체중이 한꺼번에 감소되는 것에만 연연하다가 스트레스를 받으

[Q31] 비만에서 오는 5D란?

A. 미국의 의학박사 딜에 의하여 보고된 것으로 비만으로 인해 증가될 수 있는 다섯 가지 현상을 말한다. 5D는 용모 손상(Disfigurement), 불편(Discomfort), 무능(Disability), 질병(Disease), 죽음(Death) 등의 다섯 가지로 정의되었는데, 이전에 비만이었거나 현재 비만인 사람은 정상인보다 사회적, 신체적인 피해가 많다는 것이다. 자신감과 자아 정체감을 지니려면 비만에서 탈피해야 하고 정신적인 안정을 찾는 일이 필요하다.

면 이런 심리적 압박감이 오히려 다이어트를 포기하게 만든다. 식이요법을 시작하면 초기엔 체중이 많이 감소하지만 지방은 수분과 근육에 비해 가볍기 때문에 점점 체중감소량이 둔화되는 것이다. 그러나 체중에 연연해 하지 말고 체지방의 감소가 비만 치료에 더 중요하다는 것을 인식해야 한다.

식이요법은 아래와 같은 방법으로 한다.

① 섭취 열량과 소비 에너지량의 균형을 생각하여 음식량을 정한다.
② 양질의 단백질을 충분히 공급한다.
③ 식사시간 30분 전후를 제외하고 물을 충분히 마신다.
④ 탄수화물과 지방 음식의 섭취량을 줄인다.
⑤ 충분한 비타민과 무기질을 공급한다.
⑥ 탄수화물 대사의 보조인자인 비타민 B군을 충분히 섭취한다.
⑦ 당 지수(Glucose Index, GI)가 낮은 식품을 골라서 소량씩 섭취한다.
⑧ 섬유소가 풍부한 채소류를 섭취하고 짜거나 자극적인 음식을 피한다.
⑨ 인스턴트식품, 탄산음료수, 단맛의 간식을 섭취하지 않도록 한다.

[표 4-9] **비만이 되기 쉬운 식사유형과 대책**

비만이 되기 쉬운 식사형	대책
아침식사를 거르고 저녁에 과식하는 형	아침을 꼭 먹고 저녁식사를 줄인다.
야간형	저녁식사는 가능한 8시 전에 한다.
불규칙한 식사나 폭식형	소량씩 먹는 습관을 기르고 규칙적인 식사를 한다.
결식형 + 간식형	정해진 시간에 식사를 하고 간식을 멀리한다.
급하게 식사하는 형	천천히 먹어야 하며, 소화가 잘 되는 음식을 선택한다.
일하면서 계속 먹는 형	책을 읽거나 컴퓨터를 할 때 간식을 먹지 않는다.

체중은 단기간에 줄이는 것보다 어느 정도 시간을 두고 서서히 줄이는 것이 바람직하다. 단식이나 과도한 절식은 체내 단백질의 손실을 가져와서 건강에 문제가 생기므로 장기적인 식이요법을 권장한다. 1개월에 약 2~3kg 정도의 체중 감량이 가장 바람직하다.

체중 감량에 도움이 될 수 있는 식품은 [표 4-10]에 제시된 바와 같다. 특히 체중을 줄이기 위하여 장기간에 걸쳐 생식 등 특수식품에 의존하는 것은 체중 감량 후 다시 일상식으로 돌아갔을 때 부작용으로 요요현상이 일어나므로 일상 속에서 식이요법을 하는 것이 바람직하다.

[표 4-10] **다이어트 식품**

영양	식품
저칼로리 식품(감미료 대체식품)	아스파탐, green sugar 등
고단백+당지수(GI)가 낮은 식품	콩, 생선, 쇠고기, 달걀, 두부
섬유질이 많은 식품	미역, 양배추, 다시마, 고구마, 셀러리
저지방의 단백질	생선, 달걀흰자

(2) 운동요법

운동은 소비열량을 증가시켜 주므로 체지방 분해에 도움이 된다. 운동을 통해 근육량을 유지하면서 지방량을 감소시킬 수 있고, 운동능력 저하를 예방할 수 있다. 운동요법은 특히 산소 운반능력의 증가로 인해 기초대사량을 항진시켜 요요를 방지한다. 운동은 본인이 좋아하는 종목을 선택하여 규칙적으로 해야 하며 이러한 운동은 심리적 스트레스 해소에도 도움이 된다. 운동을 하면 체온상승과 DIT(식사유도성 체열발생) 발열 효과로 다이어트에 도움이 된다. 또한 운동으로 인해 몸 안의 중심 온도인 내장 온도가 올라가게 되면 곧바로 식욕조절 중추가 있는 시상의 하부를 자극하여 식욕을 억제하게 된다. 운동을 하면 체내의 여러 가지 호르몬 분비가 촉진되는데, 특히 에피네프린(Epinephrine)과 노르에피네프린(Norepinephrine)은 당과 지방을 분해하여 혈액 중의 농도를 증가시키고 이때 높아진 혈당은 시상하부에 영향을 미쳐 식욕을 억제하게 된다. 따라서 식사 전에 운동을 하면 식사 시에 음식 섭취량이 상당히 줄어들 수 있다. 운동이 식욕을 감소시킨다는 연구 결과들이 많이 있어서 규칙적인 운동은 과식과 폭식의 예방에도 도움이 된다고 할 수 있다.

운동 처방에는 세 가지 주요 구성 요소들이 포함된다.

첫째, 일상생활에서 활동량을 늘리고 계단을 오르는 습관 등으로 몸을 꾸준히 움직이도록 한다.

둘째, 중정도 이상의 신체활동이 포함된 유산소운동 즉, 에어로빅, 수영, 걷기, 등산 등을 주기적으로 하는 것이다.

셋째, 근육운동을 조금씩 늘려나가야 한다.

일주일에 세 번, 최소한 30분 이상 지속적인 운동을 하며 어느 정도 적응이 되면 시간을 조금씩 연장하는 방식으로 운동을 하는 것이 바람직하다. 한편 한 시간 이내의 운동은 식욕을 감소시키지만 그 이상 운동을 하면 식욕이 증가한다는 보고가 있어 무리한 운동을 피하는 것이 좋다. 이와 같이 단시간 운동에 의한 식욕억제 효과는 카테콜아민의 증가와 체온의 상승에서 기인한 것으로 생각된다. 운동의 강도가 높을수록 식욕이 더 감소되는 것으로 알려져 있지만 비만인에게는 강도가 높은 운동보다는 걷기, 산책 같은 유산소운동이 오히려 좋다.

운동 시간과 운동 종목에 따라 소비되는 열량은 [표 4-11]과 같으며, 체지방 1kg을 줄이려면 대략 7,700kcal의 에너지가 소모되어야 하는데 하루에 1시간씩 정기적인 운동을 1주일에 3~5일씩 한다고 가정하면 약 1달의 기간이 필요하다.

열량표에서 보는 바와 같이 다양한 운동

[표 4-11] **운동 종목과 소비되는 열량**

운동 종목	운동시간	소비된 열량	운동 종목	운동시간	소비된 열량
빨리 걷기	60분	300kcal	조깅	60분	400kcal
댄스	90분	500kcal	수영	35분	350kcal
손세탁	35분	100kcal	자전거 타기	28분	280kcal
계단 오르기	180계단	150kcal	등산	60분	265kcal
노래	35분	100kcal	줄넘기	100회	550kcal
스케이트	20분	400kcal	테니스	60분	383kcal

요법은 비만의 치료 및 예방에 많은 도움이 된다. 이러한 방법으로 인내심을 가지고 꾸준하게 운동을 지속하는 것이 가장 중요하다. 연구결과를 바탕으로 짜여진 비만 치료를 위한 추천 달리기 운동프로그램은 [표 4-12]에 제시한 바와 같지만 개인별 운동능력을 더 고려해야 한다.

[표 4-12] **달리기 운동프로그램**

운동단계	준비운동	운동거리	목표시간	목표심박수	정리운동	운동빈도
1 ~ 2주	5 ~ 15분	3.2km	24분	70%	5 ~ 15분	주 3회
3 ~ 4주	5 ~ 15분	3.2km	22분	70%	5 ~ 15분	주 3회
5 ~ 6주	5 ~ 15분	3.8km	26분	70%	5 ~ 15분	주 3회
7 ~ 8주	5 ~ 15분	3.8km	25분	70%	5 ~ 15분	주 4회
9 ~ 10주	5 ~ 15분	4.8km	31분	70%	5 ~ 15분	주 4회
11 ~ 12주	5 ~ 15분	4.8km	29분	70%	5 ~ 15분	주 4회

(3) 행동수정요법

행동수정요법으로는 잘못된 식습관의 수정과 생활 습관의 수정이 있다. 현재의 식습관을 객관적인 입장에서 전반적으로 면밀하게 분석을 함으로써 비만의 원인이 될 수도 있는 행동을 찾아내어 이를 개선하도록 하는 것이 매우 중요하다.

첫 번째 단계는 나쁜 식습관을 초래하는 요인을 찾기 위하여 정확한 자기측정이 이루어져야 한다.

두 번째 단계에서는 과식을 피할 수 있는 동기와 자극을 계속 주어 스스로를 조절하도록 한다.

세 번째 단계에서는 비만인이 바람직한 행동수정을 했을 때 자아충족이 되도록 하며 이를 재인식하여 자존감이 부여되도록 한다.

다른 치료를 병행하지 않고 행동수정요법만으로는 체중감소율은 높지 않다. 그러나 자기충족감을 조금씩 느끼게 되면 행동수정의 중도 포기율은 20% 미만

으로서 다른 치료방법들에 비하여 포기하는 사람이 적은 것으로 알려져 있다. 따라서 다른 치료와 병행하여 복합적인 프로그램으로 관리를 하는 것이 요요 없이 비만을 치료할 수 있는 가장 효율적인 방법이다.

(4) 약물요법

1) 식욕 억제제

비만 치료와 체중 감량을 위한 식욕 억제제의 사용은 오남용, 부작용 등에 대한 우려 때문에 사용에 대한 논란이 많다. 따라서 과도한 식욕으로 인하여 치료에 제한을 받거나 체중 감소가 시급한 경우에 한하여 제한적으로 사용해야 한다. 현재 주로 사용되는 식욕 억제제는 세로토닌을 유도하는 약물이 많다. 최근 국내에서 그 사용이 증가하고 있는 플루옥세틴, 펜터민과 같은 약물은 적절한 용량으로 사용했을 때 체중 감량 효과가 있으며 비만 치료에도 긍정적인 영향이 있다. 단, 과량 복용 시 내성이 생기며 수면장애, 심장의 무리 등 부작용을 유발할 수 있어서 사용에 유의해야 한다.

2) 열생산 촉진제

열생산 촉진제로는 갑상선 호르몬, 에페트린, β-아드레날린, 성장호르몬, 렙틴(Leptin) 등이 있다.

3) 지방흡수 방해제

지방흡수 방해제인 제니칼이나 락슈미 등은 지방의 흡수를 1/3 정도 저해함으로써 지방을 대장으로 배출시킨다. 지방음식의 섭취량이 많은 사람이나 고지혈증이 있는 환자의 체중감량을 유지하는데 효과적이다.

4) 섬유소 보조제

섬유소는 식물 세포막의 주성분으로서 물에 용해되지 않으며 사람의 소화액에도 섬유소를 소화시키는 효소가 없어 열량을 내지 않는다. 섬유소는 음식의 섭취 시에 부피를 늘려 주는 역할을 하여 포만감을 주고, 장의 운동을 도와서 변비 예방에 큰 효과가 있다. 비만 환자의 경우에 섬유소 보조제를 섭취하면 변비 예방에도 효과가 있고 체중을 감량할 수 있어서 비만의 치료에 도움이 된다.

(5) 수술 요법

지방흡입술은 음압을 이용하여 피하지방을 제거하는 방법이다. 몸매의 교정이 가능하기 때문에 부분 비만이 있는 사람들에게 효과적이다. 일시적인 지방 감소와 체형 교정의 효과가 있지만 시술 이후에 체계적이고 지속적인 관리가 필요하다. 한편 수술 요법의 하나인 위절제술은 5%의 치사율과 수술 휴유증 때문에 현재까지 비만증의 치료로 널리 보급되지는 않았다.

(6) 정신분석 요법

비만환자는 어떤 욕구가 일어날 때마다 음식을 찾을 뿐만 아니라 배고프지 않아도 먹는 것으로 욕구를 해소하려고 한다. 이러한 환자에게 식욕 억제는 매우 힘든 일이며 이로 인해 우울증에 빠지기도 한다. 또 비만 환자들은 대부분 스트레스를 받아서 과식을 하기도 한다. 그러므로 정신분석 치료를 통해 스트레스를 감소시켜야 하며 식욕보다 차원이 높은 욕구로서 자아 만족을 하도록 해야 한다. 정신적인 상담은 자아존중감을 부여함으로써 식사량을 조절하여 과식을 억제할 수 있으며, 결과적으로 조절된 체중을 유지하기가 쉬워진다.

정신분석 치료 시에는 무엇보다도 치료자가 적극적인 역할을 해 주고, 분석가는 환자의 눈에 띄는 행동 반응을 명확하게 해석해 주며, 환자에게 희망을 주어야 한다. 분석가는 방어기전에 대하여도 확실한 설명을 주어야 하며 해석은 확실하고 일관성이 있어야 한다. 비만인들이 식욕을 참지 못하고 충동적으로 먹는 근본적인 이유를 찾아서 그들에게 자아존중을 위한 새로운 일을 제안하여 주는 것이 필요하다.

열량을 제한하는 극단적인 방법

■ **단식 :** 단식을 하면 체중의 감소 속도가 빠르기 때문에 일시적인 체중 감량에 대한 만족감이 크다. 그러나 단식 후에 보식을 잘못하면 요요현상을 겪는다. 단식에 의해 기초대사량이 저하되므로 지속적인 체중 유지가 힘들고 단식 후 음식이 조금이라도 섭취되면 식욕의 절제력이 무너지기 쉽다. 특히 단식을 하면 신체적인 활동이 급격히 둔화되고 운동능력이 크게 저하되므로 비만 치료의 방법으로는 권장되지 않는다.

■ **초 저열량 식사 :** 초 저열량 식사란 하루 식사에 600~800kcal의 열량만을 공급하는 것을 말한다. 초 저열량 식사의 경우에 열량을 제한하지만 케톤산혈증 및 질소의 전해질 결손을 예방할 수 있는 탄수화물과 단백질, 비타민과 무기질은 반드시 식사 내용에 포함시켜야 한다. 초 저열량 식사와 유사한 방법이지만 체지방량을 줄이기 위하여 고단백질 식품만을 사용하는 경우를 Protein-Sparing Modified Fast라고 부른다.

[Q32] 체중 2Kg 감소를 위해 하루 얼마나 열량을 줄여야 할까?

A. 체중 1kg을 감량하기 위해서는 열량 7,700kcal를 소모시켜야 한다. 즉, 체중 1g을 줄이기 위해 소모해야 하는 열량은 약 7kcal인 셈이다.

한 달에 2kg 감량을 원하는 사람은

$$2{,}000(g)/30(일)=66.6666\cdots(g)$$

즉, 30일 동안 하루에 66.7g을 줄이면 된다.

1g을 줄이기 위하여 7kcal가 필요하므로

$$66.79(g)\times 7(kcal)=462(kcal)$$

하루에 462kcal을 줄이면 한 달에 2kg이 감소한다. 하루에 500kcal 정도만 줄이면 되는 것이다. 간식만 줄여도 마이너스 500kcal 작전은 달성되며 일상 속에서 엘리베이터를 타지 않고 계단을 몇 번 걸어서 올라도 500kcal는 에너지로 소모된다.

5. 여성이 살이 잘 찌는 이유

여성이 남성에 비해 살이 잘 찌는 이유는 크게 세 가지로 나누어 볼 수 있다.

첫 번째 원인은 여성호르몬의 영향이다. 남성호르몬은 근육을 만들고 지방의 비율을 낮지만 여성호르몬은 반대로 근육량을 낮추고 지방의 비율을 높이는 경향이 있으므로 쉽게 살이 찌는 것이다. 체내 지방의 비율도 사춘기 이전에는 남녀 모두 15%로 같지만 사춘기를 지나면서 성호르몬의 분비가 뚜렷해지면 지방의 비율이 남자는 10%로 내려가는 반면 여성은 22%로 높아진다.

두 번째 원인을 들자면 여성은 두 번째 원인을 들자면 여성의 경우, 몸의 구조상 근본적으로 지방의 함량이 높기 때문이다. 성별로 비교해 보면 여성의 필요지방량은 9%로 남성의 3%에 비해 무려 3배나 월등하게 높다. 여성에게 필수적인 이 지방은 엉덩이, 유방 등에 분포되어서 생리적 기능을 유지하기 위하여 신체에 필요하다. 따라서 신체에서 필요로 하는 지방량이 더 많은 여성들은 자연스럽게 체지방량의 증감에도 민감한 반응을 보인다. 극도의 다이어트를 경험한 여성들에게 탈모 증세나 생리불순과 같은 현상이 나타나는 것도 이러한 이유이다. 한편, 비만인 여성은 자궁이 약하고 차가워서 난소기능에 장애가 생기기 쉽고 유산이나 불임의 확률이 높아지는 위험이 있다.

세 번째 원인으로는 여성의 지방량이 생리주기에 영향을 받는다는 것이다. 여성은 생리주기에 따라 체중이 늘거나 몸이 붓기도 한다. 생리 전에는 '프로게스테론'이라는 호르몬의 영향으로 수분 배출이 되지 않는데, 이 영향으로 체중이 1~2kg 정도가 늘어나기도 한다. 따라서 여성은 생리주기에 따라서도 몸 관리를 잘 해야 한다. 생리 전에는 식욕증가로 인해 섭취량이 많아지며 지방축적이 많아질 수 있다. 이러한 과정을 거쳐 생리가 끝나면 에스트로겐이 분비되어 피하지방의 축적을 막게 되고 몸이 정상적으로 돌아오게 된다. 바로 이때 몸에서 빠져나가지 못했던 수분이 한꺼번에 빠져나가게 되므로 몸이 가벼워지면서 피부도 좋아진다. 이와 같이 생리주기에 맞추어 다이어트와 운동을 겸해서 하면 비만 치료의 효과를 높일 수 있다.

6. 만복중추와 섭식중추의 작용, 살찌는 이유

식욕은 섭취하는 음식물의 종류나 섭취량 그리고 섭취하는 시간에 따라 다르며 에너지 소비량과도 밀접한 관계가 있다. 음식의 섭취량과 체중은 정비례한다. 그러므로 먹고 싶다는 충동을 느낄 때마다 음식을 먹게 되면 섭취량은 체중에 바로 영향을 주고 영양불균형 상태에 이르게 되어서 건강에 문제가 생긴다.

먹고 마시고 싶다는 식욕은 뇌의 시상하부에 있는 섭식중추(Appetite Center)와 만복중추(Satiety Center)의 균형에 의해서 조절된다. 즉 비만을 유도하는 다이어트의 방해꾼인 식욕은 위가 아니라 뇌가 관리한다. 뇌가 '아직도 여전히 계속 먹고 싶어~'란 메시지를 온몸에 보내면 식욕을 느끼게 되어서 계속 먹을 것을 찾게 되므로 도저히 날씬해질 수 없다. 즉, 다이어트에 성공하기 위해서는 식욕을 느끼도록 명령을 하고 있는 두뇌의 중추를 자기 편으로 만들어야 한다.

시상하부 중심에 만복중추가 있고 그 바깥쪽에 섭식중추가 있다. 음식을 적당히 섭취하면 혈당이 증가하면서 만복중추를 자극한다. 이 두 중추의 기능으로 식욕이 조절되고 있는데 만복중추는 '배부르다.' 하고 포만감을 느끼는 신경이다. 만복중추는 '먹고 싶어.' 라고 외치고 있는 섭취중추에게 '이제 나 배불러.' 하면서 그만 먹으라고 명령한다. 이러한 기능을 보여주는 대표적인 예가 혈액 중의 혈당과 지방산이다. 그러나 뇌의 명령 기능은 생리적인 현상이나 원리보다 습관을 더 따른다. 평소 많이 먹는 습관을 지닌 사람은 적당한 양의 음식을 먹어도 '평소만큼' 먹지 않았기 때문에 뇌는 '충분하다' 고 판단하지 않아서 만복중추가 자극되지 않는다. 그것은 적당하게 먹었다는 느낌이 전혀 없기 때문이다. 과식은 이와 같이 중추의 기능과 습관에 의해서 일어나며 이러한 현상이 반복되면 섭취 과다에 의해 지방이 축적되는 것이다. 만복중추와 섭식중추가 혈당의 영향만 받는다면 생리적인 조절에 의하여 살이 찌지 않을 것이다. 그러나 두뇌중추는 과거의 습관이나 온도에 영향을 받아 명령을 함으로써 균형을 이루지 못하는 경우가 자주 일어날 수 있다.

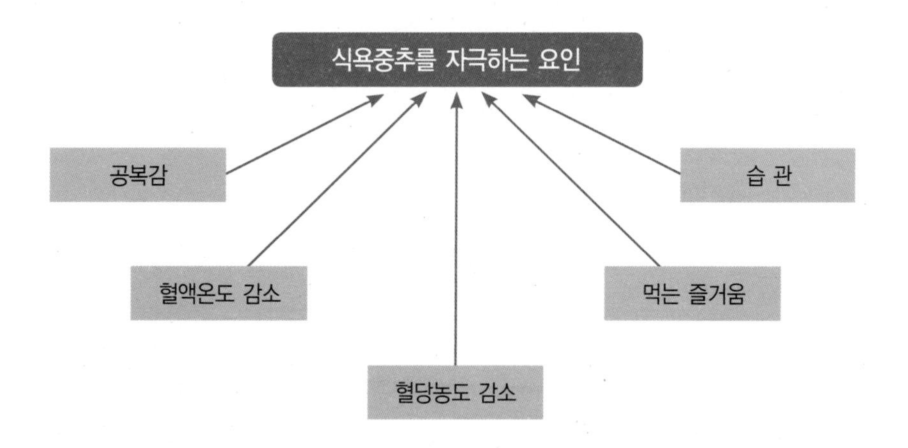

[그림 4-12] **식욕중추를 자극하는 요인**

(1) 혈당의 영향

혈당의 농도가 낮아지면 섭식중추가 자극돼서 음식물을 먹게 되고, 혈당의 농도가 높아지면 만복중추가 흥분하게 되어 음식물에 대한 욕구가 조절된다. 혈당은 세포가 에너지를 만들 때의 재료로 사용된다. 아침에 식사를 하면 점심에는 이미 혈당이 에너지로 소모되어 혈당치가 낮아진다. 혈당이 낮아지면 먼저 섭식중추가 작동을 시작하지만 바로 음식물을 섭취할 수 있는 것이 아니다. 그러므로 지방조직에 저장되었던 에너지의 원천, 즉 지방이 혈액 내에서 지방산으로 분해된다. 섭식중추는 이때 다시 에너지 부족을 인식하여 '배가 고프니 음식을 섭취하라' 고 강하게 명령하는 것이다.

섭식중추의 명령에 의해 식사를 하면 혈당치가 점차 상승하기 시작한다. 그리고 혈당치가 어느 단계에 도달하면 이번에는 만복중추가 작동하여 '이제 충분하다' 는 명령을 내리는 것이다.

(2) 온도의 영향

체온이 낮아지면 섭식중추가 자극이 되고, 체온이 높아지면 만복중추가 자극이 되어서 음식물의 섭취량이 조절된다. 열이 많은 환자가 여름철에 식욕이 떨어지는 것은 이러한 만복중추의 자극과 관련이 있다.

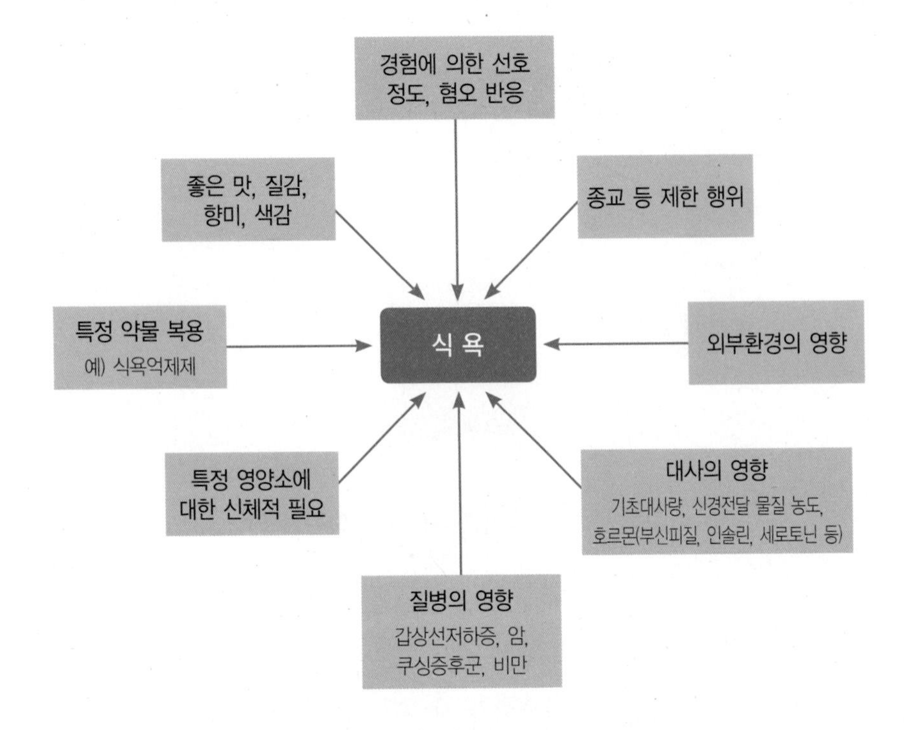

[그림 4-13] **식욕에 영향을 미치는 요인**

또한 [그림 4-13]에서 보는 바와 같이 식욕은 오감, 외부 환경의 영향 및 신체 상태와도 관계가 있는 것으로 알려져 있다.

이와 같이 비만인 사람은 여러 가지 자극에 의해 쉽게 영향을 받기 때문에 섭식중추를 억제하기가 매우 어렵다. 따라서 비만을 치료하기 위해서는 본인의 의지도 중요하지만 식욕이 생기지 않도록 주위에서도 노력을 해야 한다. 즉, 비만 치료를 하고 있는 사람은 여러 사람과 식사를 하는 것도 자제해야 하며, 외식을 피하는 것도 좋은 방법이다.

(3) 습관의 영향

일상의 식생활에서 칼로리 과잉이 될 정도로 많이 먹는 이유는 무엇일까? 섭취량이 적절할 때 만복중추로부터 식욕을 조절하라는 명령이 전달되지 않기 때문이다. 이런 조절 불능은 내분비의 문제와 유전, 심리적인 요인 등 다양한 문제가 영향을 준다. 이러한 심리적인 이유 때문에 인간의 발달된 대뇌피질도 비만 치료에 오히려 장해가 될 수가 있다. 조금 전에 식사를 했는데도 눈앞에 맛

있는 음식이 보이면 습관적으로 음식에 손이 가는 것이 대표적인 예이다. 이것은 인간만이 가지는 습성 중의 하나이다. 한편 최근 비만에 가까운 애완동물은 주변에 많아졌지만 과하게 살이 찐 야생동물은 거의 볼 수 없다. 야생동물이 살찌지 않는 것은 생리적인 문제라기보다는 환경에 의한 영향이 크다고 할 수 있다. 야생동물은 치열한 생존경쟁에서 살아남기 위해 바쁘게 사냥을 해야 하고, 이러한 사냥활동을 통하여 많은 에너지가 소모되므로 이것이 비만을 예방할 수도 있다는 것이다.

중년이 되어서 살이 더 쉽게 찌는 이유

인간의 뇌는 습관으로 판단하는 경향이 강하다. 중년이 되면 신진대사율이 감소하고 활동능력도 저하한다. 또한 몸을 사용할 기회도 줄어들기 때문에 당연히 섭취음식을 줄여야 한다. 그런데 섭식중추는 평상시의 습관대로 섭취를 많이 하라고 명령하기 때문에, 뚱뚱한 사람이 늘어나는 것이다. 한편 현대사회는 운동 부족과 다양한 식품들이 난무하고 있어 비만이 되기 위한 조건으로 둘러싸여 있다. 따라서 원래부터 비만해지기 쉬운 상태에 있는 사람이 식생활에서 절제하지 못하면 조금씩 체중이 늘기 시작하는 것은 당연하다. 게다가 나이가 들면 대사기능이 저하되며 활동량도 줄어들기 때문에 젊었을 때의 습관적인 섭취요구에 맞서 자신이 스스로 식욕을 조절해야 한다.

(4) 지방 축적이 되는 영양소의 경로

1) 먹어도 살찔 염려가 적은 단백질

몸짱 만들기와 관련이 깊은 영양소가 단백질이다. 즉, 단백질은 비만과 인연이 멀다는 뜻이다. 단백질은 당질 등에 비교해 섭취량이 많지는 않고, 섭취된 성분은 몸의 체조직을 구성하는데 대부분 사용되며 특히 근육을 만드는 데 이용된다. 근육량이 증가되면 기초대사량에 영향을 주므로 체형 관리에 도움이 된다. 또 단백

질은 식품의 특이동적 작용(SDA)이 높아서 섭취에너지의 30%는 소화·흡수를 위하여 이용된다. 특이동적 작용이란 음식물을 먹은 뒤에 대사가 항진되고 에너지가 발생되는 작용으로서 대사과정에서 에너지가 소비된다. 즉 단백질은 섭취한 칼로리의 약 30%가 특이동적 작용으로 소모되기 때문에 체지방으로 바뀌는 비율이 당질, 지질보다 훨씬 낮다.

2) 여분으로 섭취한 탄수화물과 지질

비만을 유발하는 영양소는 비타민이나 무기질이 아니고 '탄수화물과 지질'이다. 비만의 원인이 되는 지방세포는 혈중에 흐르는 혈당과 지방을 이용한다.

탄수화물의 경우, 사용되는 경로는 3종류가 있다.

① 탄수화물은 섭취되면 장에서 흡수되어서 1g당 4kcal의 에너지를 발생시킨다.
② 탄수화물은 글리코겐으로서 간과 근육에 저장된다. 저장되어 있던 탄수화물은 필요에 따라서 포도당으로 분해되기도 하며 체내에서 요구하는 에너지로 사용된다.
③ 잉여 탄수화물은 중성지방으로 전환되어 지방세포에 축적될 수 있다.

즉, 탄수화물은 에너지, 글리코겐 그리고 지방이라는 3개의 경로로 이용된다. 예를 들어 섭취량보다 신체의 활동량이 많아서 에너지에 사용되는 양이 많아지면 근육의 글리코겐이 소비되며 섭취한 탄수화물은 모두 활동에너지로 소모된다. 반면에 탄수화물의 섭취량이 증가하면 과량의 인슐린이 분비된다. 인슐린은 잉여 탄수화물을 지방으로 전환시키므로 섭취량에 비하여 활동량이 적으면 탄수화물은 지방으로 전환되어서 지방세포에 축적된다. 특히 활동량이 적고 대사기능이 떨어지는 늦은 시간에 탄수화물을 많이 섭취하면 지방축적으로 인해 비만이 되기 쉽다.

지질은 1g당 9kcal의 열량을 내므로 탄수화물과 단백질에 비하여 열량 과잉이 되기 쉽다. 또한 지질은 탄수화물보다 대사경로가 단순한데, 에너지로 사용되거나 지방세포로 축적되는 두 가지의 대사과정을 거친다. 지질은 에너지로 이용된 후 잉여지방이 대부분 지방세포에 축적되므로 적당한 양으로 섭취해야 한다.

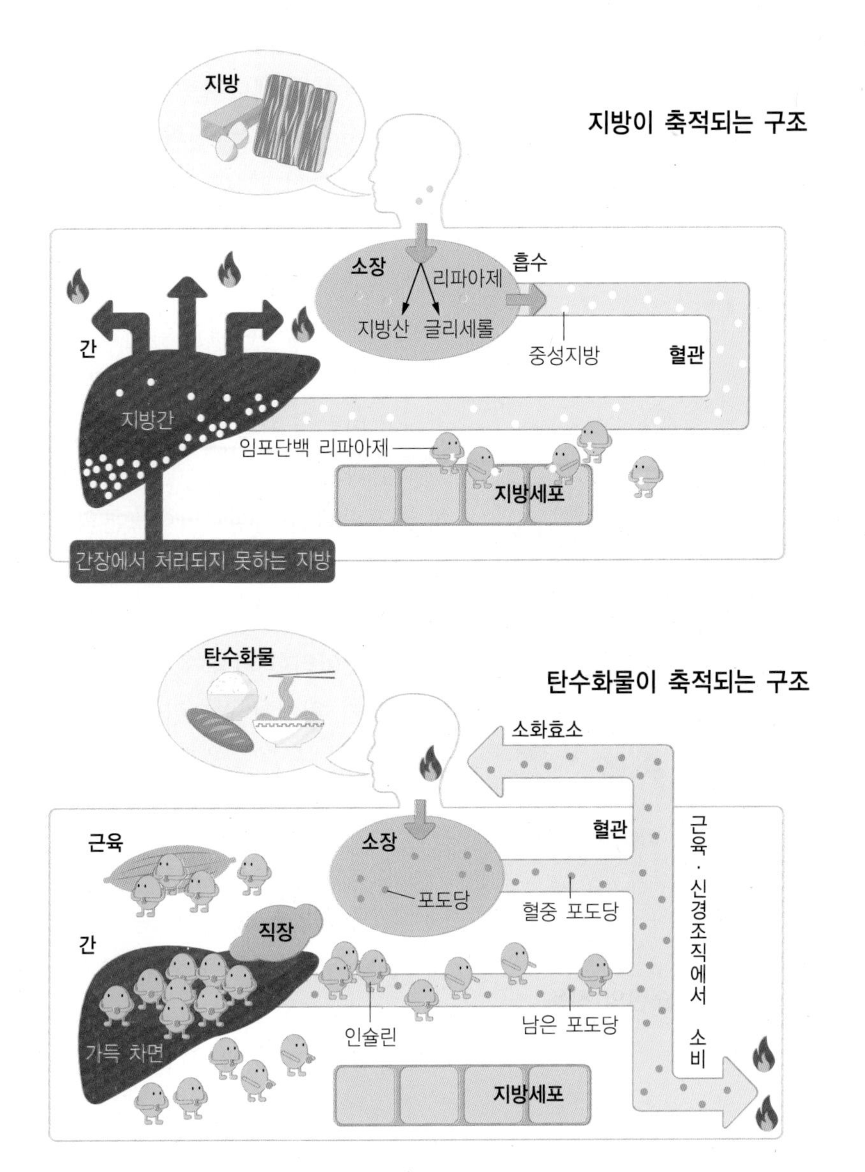

[그림 4-14] **잉여 지방과 탄수화물의 축적**

3) 지방세포를 살찌우게 하는 인슐린

지방을 축적시키는 호르몬은 췌장의 랑게르한스섬에서 분비되는 인슐린이다. 전신에 200억에서 300억개의 많은 지방세포는 그 중 50% 이상이 피하조직에 집중되어서 쉽게 살이 찌게 된다. 탄수화물은 위를 거쳐 소장에서 흡수되며 그 중 일부분은 혈액에서 포도당으로 존재한다. 우리가 음식물을 섭취하면 혈당이 상승하고 췌장으로부터 인슐린 분비가 증가된다. 인슐린이란 신체에서 당질을 이용하기 위해서 꼭 필요한 호르몬이다. 당뇨병은 인슐린의 작용이 저

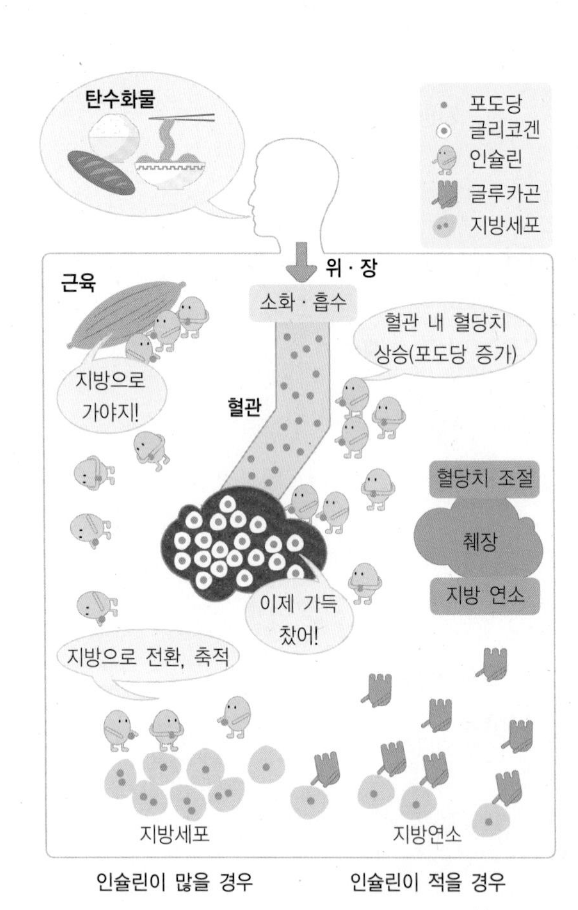

[그림 4-15]
탄수화물 대사에 미치는 인슐린의 작용

하되어 당질을 에너지로서 사용할 수 없게 되면서 발생하는 질환이다. 인슐린은 이와 같이 당질대사에 필수적인 호르몬이지만 한편으로는 지방 전환과 축적에도 역할을 한다. 혈당이 증가되면 인슐린의 기능으로 지방세포 내에 들어간 포도당은 중성지방으로 합성되어 지방세포 내에 축적되고 비만을 유발한다.

한편, 흡수된 지방은 단백질과 결합하여 리포단백인 카일로마이크론의 형태로 혈중에 들어간다. 즉 지방산을 지방조직에 저장시키는 것이 리포단백리파제라는 효소이고 이러한 기능이 활발하게 일어나도록 하기 위해서 인슐린이 필수적인 역할을 한다.

즉, 인슐린은 아래와 같은 역할을 한다.

① 혈당을 중성 지방으로 축적시킨다.

② 혈중지방을 지방세포로 운반하는 리포단백리파제를 활성화시킨다.

③ 지방산 합성 효소에 작용해서 지방의 합성을 활발하게 한다.

7. 다이어트의 부작용

현대 사회에서는 외식산업의 발달과 식생활의 서구화로 인해 식습관의 변화가 계속되고 있다. 한편 그에 반해 살찐 사람은 자기 관리를 못하는 사람이라는 이미지로 각인되는 시대가 되었다. 아름다움의 기준이 마른 체형으로 변해 가면서, 절식 현상이 많아지고 또 그에 따른 부작용으로 폭식을 하는 사람들의 문제가 심각해지게 되었다. 비만에 대한 올바른 이해나 다이어트의 필요성에 대

요요와 체중의 정체현상

일단 원하는 체중으로 살이 빠져도 최소 6개월은 체중을 유지시키는 것이 중요하다. 1년 정도는 체중이 조금씩 움직이다가 2년 정도를 유지하면 급격한 변화를 보이지 않는다. 다이어트 초기에 체중이 감량되는 상태를 '영양분을 빼앗긴 상태'로 해석하는데, 그 시기에는 신체가 그동안 감소된 지방세포를 원상태로 복구하려는 자기 방어적인 생리 현상을 일으킨다. 이처럼 다이어트를 시작하여 체중 감량 후 원래의 체중 이상으로 증가하는 현상을 요요현상이라고 한다.

요요현상이 나타나는 원인은 두 가지이다.

첫째, 기초대사량이 감소하기 때문이다. 체중 감량을 위해 식사량을 줄이게 되면 몸은 여기에 적응하여 에너지 소비를 시키지 않는 몸의 상태를 고집한다. 그러므로 다이어트 후에 다시 일상의 식사량을 섭취하면 같은 양의 음식인데도 신체는 열량 과잉이라고 인식하고 체지방이 축적되게 만드는 것이다.

둘째, 체중이 감소했다 할지라도 체내 지방세포의 수는 변하지 않으며 크기만 감소한 것이다. 따라서 섭취량이 늘어나면 지방세포는 크기가 커지고 다시 다이어트를 하면 작아지는 일을 반복할 수 있다. 그러므로 원하는 체중으로 감량된 후에도 식이조절과 운동을 계속해야 한다.

다이어트 초기에 수분과 근육량 감소로 체중이 많이 줄다가 기초대사량의 감소와 체중 감량의 층계원칙에 의하여 체중이 더 이상 줄지 않는 시기가 온다. 이를 일시적인 체중의 정체현상이라고 한다. 그러나 지방은 가볍다는 것을 기억하여 더 꾸준히 다이어트를 해 나가면 다시 체중이 줄게 된다.

한 정확한 정보가 수반되지 않은 상태에서 많은 부작용이 유발되고 있다. 다양한 매체를 통해 다이어트 성공담이 알려지고 연예인들의 성공 다이어트가 유행하면서 남의 성공방법을 따라 '무작정 살빼기 다이어트'에 돌입하는 사람들이 늘어나는 추세이다. 그러나 이런 사람들은 단기적으로 체중 감량을 할 수 있지만 다시 체중이 늘어나는 요요를 반복하면서 결국 건강을 잃게 된다.

위에서 언급한 바와 같이 극단적인 다이어트는 건강에 이상을 가져오며 영양의 불균형을 초래하는 등 다양한 형태의 부작용을 동반할 수 있다.

(1) 거식 또는 폭식증후군

거식 또는 폭식증후군이란 소위 식이장애로서 체중이나 체형에 병적인 집착을 보이거나 음식에 대해 비정상적인 행동을 보이는 일종의 질환이다. 외부 환경은 다양하고 맛있는 음식을 쉽게 접하는 문화인데, 그 속에서 지나치게 마른 몸매를 요구하는 문화가 동시에 존재한다. 거식증후군은 체중 증가에 대한 지나친 스트레스 등이 누적되어 음식을 아예 먹지 않는 경우이다. 음식을 먹더라도 스스로 토해 내는 경우가 있으며, 심한 경우에는 설사제, 이뇨제 등을 복용하기도 한다. 이러한 증상이 반복되면 나중에는 몸에서 음식을 받아들이지 않게 된다. 따라서 체중이 비정상적으로 감소하고 극단적인 경우 극심한 영양 부족으로 사망에 이르기도 한다. 한편 거식증후군의 반대현상으로 폭식증후군이 있다. 이 증상은 날씬해지기 위하여 음식을 거부하다가 갑자기 폭식을 하고, 그 다음에는 자기모멸감에 빠지는 것이다. 또한 이를 제거하기 위한 행동으로 설사제나 이뇨제, 관장 등을 반복하는 증세로 이어진다. 이처럼 습관적으로 스트레스를 먹는 것으로 해소하다가 단식과 폭식을 반복하는 증상인데, 이러한 현상은 주로 사춘기 청소년이나 젊은 여성에게서 나타나며 다른 건강상의 장애와 정신질환으로 이어지기 쉽다.

(2) 생리불순

다이어트를 하는 여성들에게 생리불순이 자주 나타난다. 심한 다이어트로 인해 생리의 양이 극도로 적어지거나 생리 주기가 매우 불규칙해지는 것이 일반적이며, 지나친 절식이나 단식을 하는 여성들에게 생리불순은 더욱 심하게 나타난다.

(3) 골다공증

골다공증이란 뼈의 밀도가 감소하여 쉽게 골절되는 증상으로 폐경 이후의 여성에게 주로 나타나는 갱년기 증상이다. 그러나 극단적인 다이어트를 하게 되면 칼슘 등 영양소의 섭취량이 부족하게 되고 거기에 운동량까지 부족하면 뼈를 만드는 조골세포의 기능이 더욱 저하되어서 골절 등 이상이 나타난다. 무리한 다이어트로 인한 뼈의 약화 증상은 20, 30대의 젊은 여성에게도 생길 수 있다.

(4) 탈모와 피부 탄력 저하

잘못된 다이어트는 모발의 탄력이 없어지며 탈모현상을 유발한다. 또한 피부의 탄력이 저하되며 손톱이 갈라지거나 끊어지는 증세가 생긴다. 다이어트를 심하게 하면 신체에서 필요로 하는 영양소가 부족하게 되어서 영양공급이 제대로 되지 않으므로 피부와 모발 전체의 건강에도 영향을 미치게 된다.

위에 언급된 바와 같이 극단적인 단식이나 절식은 건강에 악영향을 주며 다양한 부작용을 유발한다. 따라서 식사 제한을 하더라도 하루에 필요한 기초대사량을 공급해 줘야 하며 비타민과 무기질, 단백질을 필수적으로 섭취해야 한다. 잘못되었던 식습관과 생활 습관은 정상적인 다이어트를 통해 점차적으로 수정해 나가야 한다. 한편 비만의 원인은 개인에 따라 다르므로 다이어트 방법에서도 성별, 연령, 건강상태, 체질, 체형 및 라이프스타일 등 자신의 특성에 맞는 적합한 방법을 선택하는 것이 무엇보다 중요하다. 어느 시대이건 변할 수 없는 다이어트의 원칙은 적절한 식사 조절과 꾸준한 운동을 포함한 전반적인 생활 습관의 수정이라는 것을 기억해야 한다.

참고문헌

국내서

1. 건강과 영양, 김혜경 외 4인 : 울산대출판부, 2006.
2. 신화장품학, 김주덕 외 5인 : 동화기술, 2008.
3. 기초영양학, 식품영양학교재편찬위원회 : 광문각, 2003.
4. 비만증 치료와 군살빼는 요령, 현대건강연구회 : 태을출판사, 2008.
5. 교양인을 위한 21세기 영양과 건강 이야기, 최혜미 외 11인 : 라이프사이언스, 2012.
6. 다이어트 혁명, 하루야마 시게오 : 사람과 책, 1998.
7. 알기쉬운 영양학, 문수재, 김혜경 외 3인 : 수학사, 2011.
8. 저인슐린 다이어트, 나가타 다카유키 : 국일미디어, 2003.
9. 피부미용과 영양, 안홍석 외 공저 : 파워북, 2007.
10. 피부미용과 영양, 이숙경 : 도서출판 정담, 2000.
11. 미용과 영양, 곽희진, 박금희, 안현경 : 청구문화사, 2001.
12. 영양학의 이해, 문수재, 이명희, 이민준, 김정현 : 수학사, 1999.
13. 대사증후군을 예방하는 한국인 건강 식사패턴 연구, 백인경 : 식품산업과 영양 16(2); 45-48, 2011.
14. 유산소운동 강도가 안면피부의 수분량, 유분량 및 탄력에 미치는 영향, 한정숙 : 국민대 학교 석사논문, 2005.
15. 피부과학, 대한피부과학회 교과서 편찬 위원회 : 여문각, 2008.
16. 가족영양학, 김숙희, 유춘희 외 4인 : 신광출판사, 2001.
17. 콩 잘 먹으면 10년은 젊어진다, 오치아이 도시 : 눈과 마음, 2005.
18. 영양소와 식품기호도를 고려한 식단 작성 Computer Program의 개발, 김은미, 이정선, 우순자 : 한국영양학회지, 30(5) : 529~539, 1997.
19. 모발생리학, 김한식 : 현문사, 2011.
20. 식생활관리, 김현오 : 광문각, 2010.
21. 모발과학, 이의수 : 현문사, 1998.
22. 생활주기영양학, 구재옥 : 도서출판 효일, 2006.
23. 한국인 젊은 여성에서 고당질, 고지방, 고단백질 식사가 식후 열생성에 미치는 영향, 노희경, 최인선, 오승호 : 한국식품영양과학회지 34(8);1202-1209, 2005.
24. 사망원인 통계연보 : 통계청, 2011.
25. 식품위생학, 장지현 : 수학사, 2005.

26. 신 피부관리학, 윤여성 : 가림, 1995.
27. 지역사회영양학, 장남수 : 광문각, 2008.
28. 아름다운 피부미용법, 이순희 : 가림, 1997.
29. 식품과 조리원리, 안명수 : 신광출판사, 2007.
30. 여자들이 가장 알고 싶은 美의 비밀. 다이언 아이언즈 저, 김동수 역 : 황금가지, 2000.
31. 영양과 식품, 오명숙 : 효일문화사, 2004.
32. 식생활관리, 안명수, 정혜경, 김애정, 신승미, 한경선 : 수학사, 2008.
33. 기초영양학, 허채옥, 권순형, 김은미, 원선임, 박용순 : 수학사, 2012.
34. 식생활문화, 이성우 : 수학사, 2000.
35. 피부영양학, 전세열, 한정순 : 정담미디어, 2012.
36. 복부 관리 프로그램이 성인 비만 여성의 식이섭취, 스트레스 지수 및 복부비만율에 미치는 영향, 이지원 외 : 한국영양학회지, 2012.
37. 피부영양학, 전세열, 한정순 : 정담미디어, 2012.
38. 비만은 없다, 이윤관 : 대경북스, 2010.
39. 피부관리학, 김광옥 : 청구문화사, 2006.
40. 피부관리학, 김명숙 : 현문사, 2009.
41. 피부에 밥을 주는 여자, 이금희 : 삶과 글, 2004.
42. 한국인영양소섭취기준 : 한국영양학회, 2010.
43. 식품영양소함량자료집, 한국영양학회, 2009.
44. 21세기 영양학, 최혜미 : 교문사, 2011.
45. 氣와 건강관리, 이재복, 김영만 : 지구문화사, 1997.
46. 식품성분표 : 농촌진흥청, 2007.
47. 2005 국민건강영양조사 : 성인 보건의식형태 : 보건복지부, 2006.
48. 2010년도 국민건강영양조사 결과 발표 : 보건복지부, 2011.
49. 한국인영양소섭취기준 : 한국영양학회, 2015.

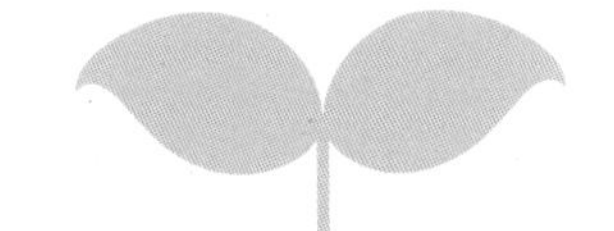

참고문헌
국외서·웹

50. Christian JL. and Greger JL., Nutrition for Living, 4th ed. p292, Cummings Publishing Co., 1994.
51. CTFA : International Cosmetic Ingredient Dictionary, 1995.
52. Goldberg. I.(Ed.) : Functional Foods. Chapman & Hall. N. Y., London, 1994.
53. Cataldo, C. C., DeBryne, L.K. and Whithey, E.N., Nutrition and diet Therapy, 4th ed. West Publishing company, 1995.
54. Eckstein EF, Food, people and nutrition, AVI publishing company, 1993.
55. Gordon M. Wardlaw and Paul M. Insel, Perspectives in Nutrition, 3th, ed. Mosby, 1996.
56. Leeds MI., Nutrition for healthy living, McGraw-Hill Co., 1998.
57. Saris WHM : Physical inactivity and metabolic factors as predictors of weight gain, Nutrition Reviews, 54(4) : p110, 1996.
58. Howarth NC, Slatzman E, Roberts SB. Dietary fiber and weight reduction. Nutr. Review, 59(5): 129-139, 2001.
59. Wardlaw GM., Perspectives in Nutrition. 5th ed. McGraw-Hill Co., 2002.
60. http://www.asiae.co.kr/news/view.htm?idxno=2011032308192346948
61. http://www.asiae.co.kr/news/view.htm?idxno=2011030310231321093
62. http://www.asiae.co.kr/news/view.htm?idxno=2011040915442781410
63. http://www.beautyassn.or.kr
64. http://cafe.naver.com/beautyspecialist/9
65. http://cafe.naver.com/ksnh/587
66. http://blog.daum.net/talmo112/12373574?srchid=IIMNYYOh100#Ale_sub01_im01.gif
67. http://mybox.happycampus.com/chocoencho/1972543
68. Christian JL. and Greger JL., Nutnition for Livingm 4th ed, Cumnings Publising Co, 1994.

찾아보기

| 저자 약력 |

전형주

- 연세대학교 학사
  연세대학교 대학원 식품영양학과 석사, 박사
- University of Nevada Lasvegas(UNLV) 객원교수
- 서일대학 식품영양학과 교수
- 미사랑피부비만클리닉 부원장
- 아시아경제신문 다이어트컬럼니스트
- 장안대학교 식품영양과 교수

| 감수자 약력 |

김성남

- 경희대학교 대학원 의상학과 석사, 박사
- California San Diego City College
  Cosmetology 과정 졸업
- 혜전대학 피부미용과 교수
- 서경대학교 학부, 대학원 미용예술학과 학과장
- 한국미용예술학회 회장,
  대한피부미용학회 헤어미용분과위원장
- 서경대학교 미용예술학과 교수

알기 쉬운 피부미용과 영양

발 행 일	2013년 4월 22일 초판 발행 2018년 3월 2일 개정판 발행
지 은 이	전형주
감 수	김성남
발 행 인	김홍용
펴 낸 곳	도서출판 효일
디 자 인	에스디엠
주 소	서울시 동대문구 용두동 102-201
전 화	02-460-9339
팩 스	02-460-9340
홈페이지	www.hyoilbooks.com
Email	hyoilbooks@hyoilbooks.com
등 록	1987년 11월 18일 제6-0045호
정 가	23,000원
ISBN	978-89-8489-442-6